太阳能光伏应用
——原理·设计·施工

靳瑞敏 等编著 ◉

U0235252

化学工业出版社
·北京·

图书在版编目（CIP）数据

太阳能光伏应用：原理·设计·施工/靳瑞敏等编
著. —北京：化学工业出版社，2017.4 （2024.1重印）
ISBN 978-7-122-29027-4

Ⅰ.①太… Ⅱ.①靳… Ⅲ.①太阳能发电 Ⅳ.
①TM615

中国版本图书馆 CIP 数据核字（2017）第 027028 号

责任编辑：高墨荣　　　　　　　　　　　文字编辑：孙凤英
责任校对：吴　静　　　　　　　　　　　装帧设计：刘丽华

出版发行：化学工业出版社（北京市东城区青年湖南街 13 号　邮政编码 100011）
印　　装：三河市延风印装有限公司
710mm×1000mm　1/16　印张 14¾　字数 291 千字　2024 年 1 月北京第 1 版第 13 次印刷

购书咨询：010-64518888　　　　　　　　售后服务：010-64518899
网　址：http://www.cip.com.cn
凡购买本书，如有缺损质量问题，本社销售中心负责调换。

定　价：48.00 元

随着人口快速增长和工业化进程加速，能源短缺、生态破坏和环境污染的问题日益严重。人类目前所使用的能源大部分是由矿物燃料提供的，矿物燃料燃烧排出温室气体和有毒物质，它们使地球的生态环境急剧恶化。恶化的环境严重影响到我们每一个人的健康生存，近年来每年冬天越来越严重的雾霾天气警告我们：人类不科学的生产和生活方式必须改变。首先必须尽可能减少矿物燃料的消耗。人类无节制的开发和消耗矿物能源必然导致生态环境急剧恶化，应该提倡人类与环境和谐相处的理念，这类似中国古代天人合一的思想；我们应该牢记每个人每天消耗的能源是人类共同拥有的和不可再生的；提高节约能源意识，不过度消费，不是买得起的就可以随意浪费的。其次，大力发展绿色能源。

太阳能光伏发电具有无污染、资源的普遍性和不枯竭等优点，符合保护环境和可持续发展的要求。为了我们及我们子孙后代碧水蓝天的生活环境，光伏新能源的技术开发和普及利用非常必需并且迫在眉睫。每个人都有推广使用绿色能源的责任和义务。笔者希望为此做出努力。

本书介绍太阳能光伏发电原理、独立型太阳电池系统、并网型光伏发电系统、光伏逆变器、光伏发电控制系统、光伏建筑一体化、光伏电站工程施工组织设计、光伏电站运行维护内容。本书强调理论与实际相结合，含有大量的工程实践案例和光伏行业标准，更加贴近实际。

本书可作为光伏领域工作者和该专业学生参考书，也可以作为光伏公司及从业者的专业知识培训教材。

本书由洛阳师范学院靳瑞敏教授编写前言及第 1、2、3、7、8 章；洛阳师范学院赵存华副教授编写第 4 章；河南科技大学李新利博士编写第 6 章；洛阳师范学院张旭老师编写第 5 章。

由于太阳能光伏应用范围广，技术变化快，加之水平所限，难免有不妥和疏漏之处，恳请读者批评指正。

编著者

目 录

第8章　光伏电站运行与维护 (209)

第1章
太阳能光伏发电简介

1.1 太阳辐射及太阳能应用 ◂◂◂◂

1.1.1 人类活动与太阳辐射能

万物生长靠太阳。人类生产、生活所需的能量，如人们熟知并加以利用的石油、煤炭、风能、海洋潮汐能、水能、地热能、生物质能、可燃冰等，都是太阳辐射能在地球上的一种转化形式。随着人口的增加，由于化石燃料的过度使用，人类排放的二氧化碳已经超出了地球生态系统的吸收能力。生态超载还导致森林萎缩，渔业资源衰退，土地退化，淡水资源减少，生物多样性日益丧失，空气污染严重。据世界自然基金会统计，1961 年人类只消耗大约 2/3 的地球年度可再生资源，《地球生命力报告 2012》显示，人类目前每年消耗着 1.5 个地球的生态资源，并且到 2050 年之前将达到 2 个地球。我国的生态状况同样不容乐观。尽管我国的人均低于全球平均水平，且大大低于欧美国家，但已经是其自身生物承载力的 2.5 倍，这意味着我们需要 2.5 个我国的自然资源量才能满足需求；同时，由于人口基数大，我国的生态足迹总量全球最大。我国脆弱的生态系统正在承受着经济发展和不断增长的人口带来的双重压力。

通过改用清洁、充足的可再生资源（如太阳能、风能等），我们有可能逐步减少污染空气的污染排放物，以缓解气候变化对地球的影响。原子能的利用也已成熟，但是切尔诺贝利核电站的泄露、日本福岛核泄漏的危害又令人产生了恐惧。地壳运动产生的地震、火山爆发、洪灾等能量，也正在被人们认识。

太阳能光伏发电是开发和利用太阳能的最灵活、最方便的方式，近年来得到了飞速的发展。

1.1.2 太阳辐射能

太阳辐射能是指到达地球大气上界的太阳辐射能量，亦称为天文太阳辐射量，简称太阳能。地球所接收到的太阳辐射能量仅为太阳向宇宙空间放射的总辐射能量的二十二亿分之一。

太阳是离地球最近的一颗自己发光的天体，它给地球带来了光和热。太阳的活动来源于其中心部分，中心温度高达 $1500 \times 10^6 ℃$，在这里发生着核聚变，太阳能是太阳内部连续不断的核聚变反应过程产生的能量。聚变产生能量并被释放至太阳的表面，通过对流过程散发出光和热。太阳核心的能量需要经过几百万年才能到达它的表面，使太阳能够发光。到现在为止太阳的年龄约为 46 亿年，它还可以继续燃烧约 50 亿年。根据现在宇宙学理论，在太阳存在的最后阶段，太阳中的氦将转变成重元素，太阳的体积也将开始不断膨胀，直至将地球吞没。在经过一亿年的红巨星阶段后，太阳将突然坍缩成一颗白矮星——所有恒星存在的最后阶段。再经历几万亿年，它将最终完全冷却。因此，对人类来说，太阳能是取之不尽、用之不竭的能源。

一般认为，太阳是处于高温、高压下的一个巨大的气体团，由里向外可分为 6 个区域。① 太阳核：太阳核的直径约为太阳直径的 0.23 倍，质量约为太阳的 0.4 倍，体积约为太阳的 0.15 倍，压力高达 10^9 atm（1atm＝101325Pa），温度约为 10^7 K，其中进行着激烈的热核反应，所产生的 90% 能量以对流和辐射的方式向外放射。② 吸收层：从太阳核以外到约 0.8 倍太阳直径处称之为吸收层，也称为辐射层。该层压力降到 10^{-2} atm，热核反应产生的大量氢离子在这里被吸收。③ 对流层：从吸收层以外至 1 倍太阳直径处称为对流层，其间温度约为 5×10^3 K，大量的对流传热在该区进行。④ 光球层：对流层之外 500km 以内，有大量低电离的氢原子，这是肉眼可见的太阳表面，其亮度相当于 6000K 的黑体辐射。光球层是非常重要的一层，太阳的绝大部分辐射从光球层发射出去，同时还有对地球影响很大的黑子和耀斑在当中活动。⑤ 色球层：色球层厚度约为 2500km，大部分由低层压氦气、氢气以及少量离子组成，也称为太阳的大气层。⑥ 日冕：色球层之外即是伸入太空的银白色日冕。日冕由各种微粒构成，包括部分太阳尘埃质点、电离粒子和电子，温度高达 10^6 K 以上。有时日冕能向太空伸展几万公里，形成太阳风，冲击到地球大气层上，产生磁暴或极光，从而影响地球磁场和通信。太阳辐射与接收原理如图 1-1 所示。

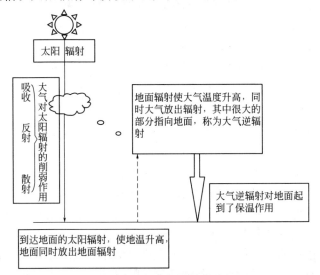

图 1-1　太阳辐射与接收

　　全球年消耗能量的总和只相当于太阳 40min 内投射到地球表面的能量，太阳辐射能来源于其内部的热核反应，每秒转换的能量约为 $4×10^{26}$ J，基本上都是以电磁辐射的形式发射出来的，通常将太阳看作是温度 6000K、波长 $0.3～3.0\mu m$ 的辐射体，辐射波长的分布从紫外区到红外区。尽管地球所接收到的太阳辐射能量仅为太阳向宇宙空间放射的总辐射能量的二十二亿分之一，达到地球大气层外的太阳辐射能在 $132.8～141.8mW/cm^2$ 之间，被大气反射、散射和吸收之后，约有 70% 投射到地面，但已高达 $1.73×10^{15}$ W，也就是说太阳每秒钟照射到地球上的能量就相当于 500 万吨煤，是全球能耗的数万倍。地面接收到的太阳辐射包括直接辐射和散射辐射。直接接收到不改变方向的太阳辐射称为直接辐射；被大气层反射和散射后方向改变的太阳辐射称为散射辐射。

　　为了定量描述太阳能，需要引入一些概念。在地球位于日地平均距离处时，地球大气上界垂直于太阳光线的单位面积在单位时间内所受到的太阳辐射的全谱总能量，称为太阳常数。太阳常数的数值为 $1353W/m^2$，常用单位为 W/m^2。将大气对地球表面接收太阳光的影响程度定义为大气质量（AM）。大气质量是一个无量纲量，它是太阳光线穿过地球大气的路径与太阳光线在天顶角方向时穿过大气的路径之比，并假定在标准大气压（101325Pa）和气温 0℃时，海平面上太阳光垂直入射的路径为 1。AM 数值不同，太阳光谱会产生不同的变化。当太阳辐射强度为太阳能常数时，大气质量记作 AM0，AM0 光谱适合于人造卫星和宇宙飞船上的情况。大气质量 AM1 的光谱对应于直射到地球表面的太阳光谱（其入射光功率为 $925W/cm^2$）。图 1-2 是 AM0 和 AM1 两种条件下的太阳光谱，它们之间的差别是由大气对太阳光的吸收引起的衰减造成的，主要来自臭氧层对紫外线的吸收和水蒸气对红外线的吸收，以及空气中尘埃和悬浮物的散射。图中太阳光谱辐照度 $E_\lambda=dE/d\lambda$，其中 E 为单位波长间隔的太阳辐射度，给定波长 λ。太阳光谱的这些特点对太阳能电池材料的选择是一个很重要的因素。

　　太阳辐射是一种电磁波辐射，既有波动性，也有粒子性。太阳的波长辐射范围如图 1-3 所示。其光谱的主要波长范围为 $0.15～4\mu m$，而地面和大气辐射的主要波长范围则为 $3～120\mu m$。在气象学中，通常把太阳辐射称为短波辐射，而把地面和大气辐射称为长波辐射。太阳能的波长分布可以用一个黑体辐射来模拟，黑体的温度为 6000K。太阳能波长分布在紫外线（$<0.4\mu m$）、可见光（$0.4～0.75\mu m$）和红外线波段（$>0.75\mu m$）。这些波段受大气衰减的影响程度各不相同。可见光辐射的大部分可到达地面，但是上层大气中的臭氧却吸收了大部分紫外线辐射。由于臭氧层变薄，特别是南极和北极地区，到达地面的紫外线辐射越来越多。入射的红外线辐射，有一部分被二氧化碳、水蒸气和其他气体吸收，而在夜间来自地球表面的较长波长的红外辐射大部分则传到了外空。这些温室气体在上层大气中的积累，可能会使大气吸收能力增加，从而导致全球气候变暖和天气变得多云。虽然臭氧减少对太阳能吸收的影响甚微，但温室效应可能会增大散射辐射，并可能严重影响太阳能的吸收作用。

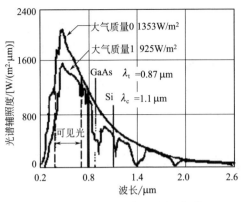

图1-2 AM0和AM1太阳光谱

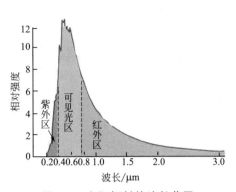

图1-3 太阳辐射的波长范围

太阳光的入射方向与地平面的夹角,即某地太阳光线与该地垂直于地心的地表切线的夹角,叫做太阳高度角,简称太阳高度。它有日变化和年变化。当太阳高度角为90°时,在太阳光谱中,红外线占50%,可见光占46%,紫外线占4%;当太阳高度角为5°时,红外线占72%,可见光占28%,紫外线几乎为0。一天中,太阳高度角是不断变化的;同时,一年中也是不断变化的。对于某处地平面来说,太阳高度角较低时,光线穿过大气的路程较长,辐射能衰减得就多。同时,又因为光线以较小的角投射到该地平面上,所以到达地平面的能量就少,反之,则较多。

在大气层上界与光线垂直的平面上,太阳辐照度基本上是一个常数,但是在地球表面上,太阳辐照度却是经常变化的。这主要是由大气层透明程度造成的。大气透明程度是表征大气对于太阳光线透过程度的一个参数。晴朗无云的天气,大气透明度最好,到达地面的太阳辐射能就多;天空云雾很多或者风沙灰尘很大时,大气透明度低,到达地面的太阳辐射能就低。

日照时间也是影响地面太阳辐照度的一个重要因素。如果某地区某日白天有14h,若其中阴天时间≥6h,而出太阳的时间≤8h,那么,可以说该地区这一天的日照时间为8h。日照时间越长,地面所获得的太阳总辐射量就越多。

另外,海拔越高,大气透明度越好,从而太阳的直接辐射量也越高。我国青藏高原地区,由于平均海拔高达4000m以上,且大气洁净、空气干燥、纬度又低,太阳总辐射量多介于6000~8000MJ/m² 之间,直接辐射比重大。此外,日地距离、地形、地势等对太阳辐照度也有一定影响。在同一纬度上,盆地气温比平川高,阳坡气温比阴坡高。

日地运动规律:地球绕太阳运转的轨道是一个椭圆轨道,太阳就处在其椭圆轨道的两个焦点之一的位置上。这个椭圆轨道在天文学上称为黄道。在黄道平面上,日地间距离并非固定数值。日地距离最近($1.47×10^8$km),即近日点;日地距离最远($1.52×10^8$km),即远日点。两者相差$5×10^6$km,约占日地平均距离的 1/30。

太阳对地球光照强度的大小取决于以下四个方面：日地距离、太阳对地球上某处某时某刻的相对位置、太阳辐射进入大气层的衰减情况和太阳能接收表面的方位和倾角。由于地球在轨道上的位置不同，以观察者在地球上的地平面为基准，太阳的位置就不同，见图 1-4。具体情况与地理纬度有关，但是，不同季节的中午可以看到太阳在天顶的位置。

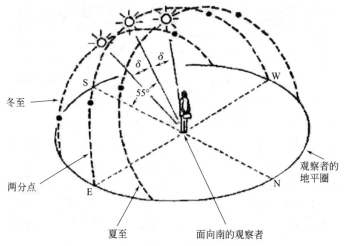

图 1-4　地球上人观察太阳的情况

太阳活动同地球上的一些现象存在密切关系。现在，人们已经发现太阳活动在以下几方面对地球有显著的影响。太阳活动中的耀斑和黑子对地球的电离层、磁场和极区有显著的地球物理效应，使地面的无线电短波通信受到影响，甚至出现短暂的中断，这被称为"电离层突然骚扰"。这些反映几乎与大耀斑的爆发同时出现。磁场沿磁力线下来，与色球层气体相碰撞，使中性线两侧磁力线的足跟部位发光，成为人们所见到的耀斑。耀斑本身是磁场不稳定的结果。正是由于磁场这种非平衡状态，导致了耀斑的爆发，以达到磁场新的平衡，耀斑的爆发过程同时也是大量能量释放的过程。较大的耀斑爆发不但由于氢原子热运动温度可达几千万度甚至上亿度，并且有很强的 X 射线、紫外线以及高能质子放出。这些强烈的辐射光线增加了氢原子的压力，使氢原子、离子及其他微粒以超过 1000km/s 的速度抛出，成为太阳的微粒辐射。"磁暴"现象说明整个地球是一个大磁场，地球的周围充满了磁力线。当耀斑出现时，其附近向外发射高能粒子，带电的粒子运动时产生磁场，当它到达地球时，便扰乱原来的磁场，引起地磁的变动。发生磁暴时，磁场强度变化很大，对人类活动特别是与地磁有关的工作会有很大影响。太阳影响地球的另一个现象是极光现象：地球南北两极地区，在晚上甚至在白天，常常可以看见天空中闪耀着淡绿色或红色、粉红色的光带或光弧，叫做极光。这是因为来自太阳活动的带电高能粒子流到达地球时，在磁场的作用下奔向极区，使极区高层大气分子或原子激发或电离而产生光。太阳的远紫外线和太阳风会影响大气的密度，大气密度的变化周期为 11 年，显然与太阳活动有关。太阳活动还可能影响到大气温度和臭氧层，进而影响到农作物的产量和自然生态系统的平衡。由于太阳活动对人类有影响，特别是对航天、无线电通信、气象等方面影响显著，因此，研究太阳活动，特别是太阳耀斑发生的规律，并设法进行预报，对太阳能的利用具有重要的价值。我国各地辐射情况见表 1-1～表 1-3。

表 1-1　我国大陆 30 省（市、自治区）太阳能资源数据

区域	名称	全年最高总辐射量 /(MJ/m²)	全年最低总辐射量 /(MJ/m²)	省会水平面总辐射量 /(MJ/m²)	省会水平面利用时间/h	方阵倾角 /(°)	省会倾斜面年总辐射量 /(MJ/m²)	省会倾斜面年利用时间 /h
西北九省（自治区）	西藏	7910.65	6088.59	7885.99	2190.55	30	8832.31	2453.418
	青海	6951.76	6142.93	6142.93	1706.37	40	7064.37	1962.324
	甘肃	6458.52	5442.78	5442.78	1511.88	40	6259.19	1738.665
	新疆	6342.31	5304.84	5304.84	1473.57	45	6100.56	1694.601
	内蒙古	6195.18	5658.47	6041.35	1678.15	45	6947.56	1929.877
	云南	6156.72	4848.38	5182.78	1439.66	28	5597.4	1554.835
	宁夏	5944.8	5944.8	5944.8	1651.33	42	6658.17	1849.492
	山西	5868.3	5513.84	5513.84	1531.62	40	6340.91	1761.365
	陕西	4730.51	4730.51	4730.51	1314.03	40	5440.18	1511.134
	平均	6284.31	5519.46	5798.87	1610.80		6582.28	1828.41
东南部十七省（市、自治区）	黑龙江	4683.69	4442.92	4683.69	1301.03	50	5386.24	1496.179
	河北	5008.89	5008.89	5008.89	1391.36	42	5609.96	1558.323
	广西	4595.91	4294.11	4591.91	1276.64	25	4963.58	1378.773
	吉林	5034.39	4640.64	5034.39	1398.44	45	5789.55	1608.209
	广东	5161.46	4478.03	4478.03	1243.90	25	4836.28	1343.41
	湖北	4312.92	4047.91	4312.92	1198.03	35	4959.86	1377.74
	山东	5123.01	4761.44	5123.01	1423.06	40	5891.46	1636.516
	河南	5095	4478.03	4764.36	1323.43	40	5479.02	1521.95
	辽宁	5068.67	4903.14	5067.41	1407.61	45	5827.53	1618.757
	江西	5045.26	4630.6	4832.08	1342.24	30	5218.65	1449.624
	江苏	4855.49	4855.49	4855.49	1348.75	35	5341.04	1483.621
	福建	4410.74	4410.74	4410.74	1225.21	30	4763.59	1323.221
	浙江	4751.82	4314.6	4314.6	1198.50	35	4746.06	1318.349
	海南	5125.1	5125.1	5125.1	1423.64	25	5381.35	1494.82

续表

区域	名称	全年最高总辐射量/(MJ/m²)	全年最低总辐射量/(MJ/m²)	省会水平面总辐射量/(MJ/m²)	省会水平面利用时间/h	方阵倾角/(°)	省会倾斜面年总辐射量/(MJ/m²)	省会倾斜面年利用时间/h
东南部十七省（市、自治区）	北京	5620.01	5620.01	5620.01	1561.11	42	6294.41	1748.448
	天津	5260.11	5260.11	5260.11	1461.14	42	5891.33	1636.479
	上海	4729.25	4729.25	4729.25	1313.86	35	5202.18	1445.049
	平均	4934.22	4722.78	4836.23	1343.40		5387.18	1496.44
其他四省	湖南	4212.60	4212.60	4212.6	1170.17	30	4633.86	1287.19
	安徽	3792.51	3792.51	3792.51	1053.48	35	4361.39	1211.50
	四川	4229.74	3486.96	3792.51	1053.48	35	4247.62	1179.89
	贵州	4672.40	3471.07	3797.95	1054.99	30	4101.78	1139.38
	平均	4226.81	3740.79	3898.89	1083.03		4336.16	1204.49

表 1-2　全国不同地区平均发电系统的年利用时间

不同地区	水平面年太阳辐射/(kW·h/m²)	倾斜面年太阳辐射/(kW·h/m²)	独立光伏电站有效利用时间/h	建筑并网系统有效利用时间/h	开阔地并网系统有效利用时间/h
西北地区	1610.80	1828.41	1250	1450	1540
东南沿海	1364.65	1502.04	1000	1200	1250
全国平均	1487.73	1665.23	1125	1325	1395

注：独立光伏电站效率 60%～65%；建筑并网光伏发电效率 75%～80%；大型并网光伏电站效率80%～85%。

表 1-3　我国各地区接收太阳能的情况

年日照时数/h	接收太阳能/[200万千卡[①]/(m²·年)]	地区
2800～3300	160～240	宁夏北部、甘肃北部、新疆东南部、青海西部、西藏西部
3000～3200	140～160	河北西北部、山西北部、内蒙古、宁夏南部、甘肃中部、青海东部、西藏东南部、新疆南部
2200～3000	120～140	山东、河南、河北东南部、山西南部、新疆北部、吉林、辽宁、云南、陕西北部、甘肃东南部、广东南部、福建南部、江苏北部、安徽北部、台湾、北京、天津
1400～2200	100～120	湖南、广西、江西、浙江、湖北、福建北部、广东北部、陕西南部、江苏南部、安徽南部、黑龙江、上海
1000～1400	80～100	四川、贵州

① 1kcal=4.18kJ，下同。

太阳能资源统计数据也是不断变化的，近些年的研究发现，随着大气污染的加重，各地的太阳辐射量呈下降趋势。

1.2 光伏效应及表征参数 ◀◀◀

1.2.1 光伏效应

根据导电性能物体可以大致分为导体、半导体和绝缘体，一束光照在半导体上和照在其他物体上效果截然不同。金属中自由电子很多，光照引起的导电性能的变化完全可忽略；绝缘体在很高温度下仍不能激发出更多的电子参加导电；而导电性能介于金属和绝缘体之间的半导体对体内电子的束缚力远小于绝缘体，可见光的光子能量就可以把它从束缚激发到自由导电状态，这就是半导体的光电效应。当半导体内局部区域存在电场时，光生载流子将会积累，和没有电场时有很大区别，电场的两侧由于电荷积累将产生光电电压，这就是光生伏特效应，简称光伏效应。下面来详细讲一讲半导体。

纯净的半导体材料称为本征半导体。在本征半导体材料中掺入Ⅴ族杂质元素（磷、砷等），杂质提供电子，使得其中的电子浓度大于空穴浓度，就形成了 N 型半导体（图 1-5）材料，杂质称为施主；此时电子浓度大于空穴浓度，为多数载流子，而空穴的浓度较低，为少数载流子。同样，在半导体材料中掺入Ⅲ族杂质元素（硼等），使其中的空穴浓度大于电子浓度，晶体硅成为 P 型半导体（图 1-6）。比如以硅为例，在高纯硅中掺入一点点硼、铝、镓等杂质就是 P 型半导体；掺入一点点磷、砷、锑等杂质就是 N 型半导体。在 N 型半导体中，把非平衡电子称为非平衡多数载流子，非平衡空穴称为非平衡少数载流子。对 P 型半导体则相反。在半导体器件中，非平衡少数载流子往往起着重要的作用。

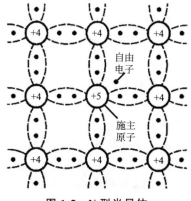

图 1-5 N 型半导体

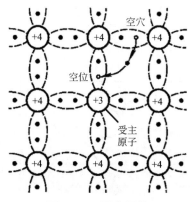

图 1-6 P 型半导体

　　无论是 N 型半导体材料，还是 P 型半导体材料，当它们独立存在时，都是电中性的，电离杂质的电荷量和载流子的总电荷数是相等的。当两种半导体材料连接在一起时，对 N 型半导体材料而言，电子是多数载流子，浓度高；而在 P 型半导体中，电子是少数载流子，浓度低。由于浓度梯度的存在，势必会发生电子的扩散，即电子由高浓度的 N 型半导体材料向浓度低的 P 型半导体材料扩散，在 N 型半导体和 P 型半导体界面形成 PN 结。在 PN 结界面附近，N 型半导体中的电子浓度逐渐降低，而扩散到 P 型半导体中的电子和其中的多数载流子空穴复合而消失，因此，在 N 型半导体靠近界面附近，由于多数载流子电子浓度的降低，使得电离杂质的正电荷数要高于剩余的电子浓度，出现了正电荷区域。同样地，在 P 型半导体中，由于空穴从 P 型半导体向 N 型半导体扩散，在靠近界面附近，电离杂质的负电荷数要高于剩余的空穴浓度，出现了负电荷区域。此正、负电荷区域就称为 PN 结的空间电荷区，形成了一个从 N 型半导体指向 P 型半导体的电场，称为内建电场，又称势垒电场。由于此处的电阻特别高，也称阻挡层。此电场对两区多子的扩散有抵制作用，而对少子的漂移有帮助作用，直到扩散流等于漂移流时达到平衡，在界面两侧建立起稳定的内建电场。所谓扩散，是指在外加电场的影响下，一个随机运动的自由电子在与电场相反的方向上有一个加速运动，它的速度随时间不断地增加。除了漂移运动以外，半导体中的载流子也可以由于扩散而流动。像气体分子那样的任何粒子过分集中时，若不受到限制，它们就会自己散开。此现象的基本原因是这些粒子的无规则的热运动。随着扩散的进行，空间电荷区加宽，内电场增强，由于内电场的作用是阻碍多子扩散，促使少子漂移，所以，当扩散运动与漂移运动达到动态平衡时，将形成稳定的 PN 结。PN 结很薄，结中电子和空穴都很少，但在靠近 N 型一边有带正电荷的离子，靠近 P 型一边有带负电荷的离子。由于空间电荷区内缺少载流子，所以又称 PN 结为耗尽层区。

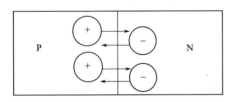

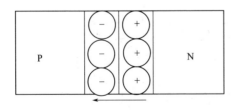

内建电场

图 1-7　半导体 PN 结的形成原理

　　当具有 PN 结的半导体受到光照时，其中电子和空穴的数目增多，在结的局部电场作用下，P 区的电子移到 N 区，N 区的空穴移到 P 区，这样在结的两端就有了电荷积累，形成电势差。PN 结的形成原理如图 1-7 所示。

　　利用光伏效应直接将光能转换成电能的电池称为太阳能电池（简称太阳电池）。所谓光伏效应是用适当波长的光照射到半导体上时，系统吸收光能后两端产生电动势的现象。

　　当 PN 结受光照时，样品对光子的本征吸收和非本征吸收都将产生光生载流子，但能引起光伏效应的只能是本征吸收所激发的少数载流子。因为 P 区产生的光生空穴，N 区产生的光生电子属多子，都被势垒阻挡而不能过结，只有 P 区的光生电子和 N 区的光生空穴与结区的电子空穴对（少子）扩散到结电场附近时能在内建电场作用下漂移过结。光生电子被拉向 N 区，光生空穴被拉向 P 区，即电子空穴对被内建电场分离。这导致在 N 区边界附近有光生电子积累，在 P 区边界附近有光生空穴积累。它们产生一个与热平衡 PN 结的内建电场方向相反的光生电场，其方向由 P 区指向 N 区。此电场使势垒降低，其减小量即光生电势差，P 端正，N 端负。于是有结电流由 P 区流向 N 区，其方向与光生电流相反。光激发半导体形成"电子-空穴"对示意图见图 1-8。

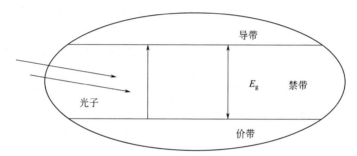

图 1-8　光激发半导体形成"电子-空穴"对示意图

　　实际上，并非所产生的全部光生载流子都对光生电流有贡献。设 N 区中空穴在寿命 τ_p 的时间内扩散距离为 L_p，P 区中电子在寿命 τ_n 的时间内扩散距离为 L_n。$L_n + L_p = L$ 远大于 PN 结本身的宽度，所以可以认为在结附近平均扩散距离 L 内所产生的光生载流子都对光生电流有贡献，而产生的位置距离结区超过 L 的电子-空穴对，在扩散过程中将全部复合掉，对 PN 结光电效应无贡献。

　　为了理解好上述过程，下面简单介绍一下载流子寿命、迁移率和扩散长度等概念。

　　载流子寿命是指非平衡载流子在复合前的平均生存时间，是非平衡载流子寿命的简称。在热平衡情况下，电子和空穴的产生率等于复合率，两者的浓度维持平衡。在外界条件作用下（例如光照），将产生附加的非平衡载流子，即电子-空穴对；外界条件撤销后，由于复合率大于产生率，非平衡载流子将逐渐复合消失掉，恢复到热平衡态。非平衡载流子浓度随时间的衰减规律一般服从指数关系。在半导体器件中非平衡少数载流子寿命简称少子寿命。

　　复合过程大致可分为两种：电子在导带和价带之间直接跃迁，引起一对电子-空穴的消失，称为直接复合；电子-空穴对也可能通过禁带中的能级（复合中心）进行复合，称为间接复合。每种半导体的少子寿命并不是取固定值，它将随化学成分和晶体结构的不同而大幅度变化。迁移率是指载流子（电子和空穴）在单位电场作用下的平均漂移速度，即载流子在电场作用下运动速度的快慢的量度，运动得越快，迁移率越大；运动得慢，迁移率小。同一种半导体材料中，载流子类型不同，其迁移率也不同，一般是电子的迁移率高于空穴。在恒定电场的作用下，载流子的平均漂移速度只能取一定的数值，这意味着半导体中的载流子并不是不受任何阻力，不断被加速的。事实上，载流子在其热运动的过程中，不断地与晶格、杂质、缺陷等发生碰撞，无规则地改变其运动方向，即发生了散射。无机晶体不是理想晶体，而有机半导体本质上即是非晶态，所以存在着晶格散射、电离杂质散射等，因此载流子的迁移率只能有一定的数值。

由于少数载流子存在一定的寿命，即少子寿命。因此，少数载流子在扩散的过程中，必将一边扩散一边复合，待走过一段距离后少数载流子也就消失了，走过的这一段也就是所谓扩散长度。

半导体的光吸收。半导体对光的吸收主要由半导体材料的禁带宽度所决定。对一定禁带宽度的半导体，频率小的低能量光子，半导体对它的吸光程度小，大部分光都能穿透；随着频率变高，吸收光的能力急剧增强。实际上，半导体的光吸收由各种因素决定，这里仅考虑到在太阳电池上用到的电子能带间的跃迁。一般禁带宽度越宽，对某个波长的吸收系数就越小。除此以外，光的吸收还依赖于导带、价带的态密度。

不同类型半导体间接触（构成 PN 结）或半导体与金属接触时，因电子（或空穴）浓度差而产生扩散，在接触处形成位垒，因而这类接触具有单向导电性。利用 PN 结的单向导电性，可以制成具有不同功能的半导体器件，如二极管、三极管、晶闸管等。PN 结还具有许多其他重要的基本属性，包括电流电压特性、电容效应、隧道效应、雪崩效应、开关特性和光电伏特效应等，其中电流电压特性又称为整流特性或伏安特性，是 PN 结最基本的特性，而太阳能光电转换则是利用 PN 结内建电场产生的光电伏特效应。

1.2.2 太阳电池的表征参数

太阳电池的工作原理是基于光伏效应。当光照射太阳电池时，将产生一个由 N 区到 P 区的光生电流 I_{ph}。同时，由于 PN 结二极管的特性，存在正向二极管电流 I_D，此电流方向从 P 区到 N 区，与光生电流相反。因此，实际获得的电流 I 为

$$I = I_{ph} - I_D = I_{ph} - I_0 \left[\exp\left(\frac{qU_D}{nk_BT} \right) - 1 \right] \tag{1-1}$$

式中，U_D 为结电压；I_0 为二极管的反向饱和电流；I_{ph} 为与入射光的强度成正比的光生电流，其比例系数是由太阳电池的结构和材料的特性决定的；n 为理想系数（n 值），是表示 PN 结特性的参数，通常在 $1\sim2$ 之间；q 为电子电荷；k_B 为玻尔兹曼常数；T 为温度。

如果忽略太阳电池的串联电阻 R_s，U_D 即为太阳电池的端电压 U，则式(1-1)可写为

$$I = I_{ph} - I_0 \left[\exp\left(\frac{qU}{nk_B T}\right) - 1 \right] \qquad (1\text{-}2)$$

当太阳电池的输出端短路时，$U=0$（$U_D \approx 0$），由式（1-2）可得到短路电流

$$I_{sc} = I_{ph}$$

简单地说，短路电流就是太阳电池从外部短路时测得的最大电流，用 I_{sc} 表示。它是光电池在一定的光强下，外电路中所能得到的最大电流。在不考虑其他损耗的情况下，太阳电池的短路电流等于光生电流 I_{ph}，与入射光的强度成正比。

当太阳电池的输出端开路时，$I=0$，由式（1-1）和式（1-2）可得到开路电压

$$U_{oc} = \frac{nk_B T}{q} \ln\left(\frac{I_{sc}}{I_0} + 1\right) \qquad (1\text{-}3)$$

简单地说，开路电压就是受光照的太阳电池处于开路状态，光生载流子只能积累于 PN 结的两端产生光生电动势，这时在太阳电池两端测得的电势差，用符号 U_{oc} 表示。

当太阳电池接上负载 R 时，所得的负载伏安特性曲线如图 1-10 所示。负载 R 可以从零到无穷大。当负载 R_m 使太阳电池的功率输出为最大时，它对应的最大功率 P_m 为

$$P_m = I_m U_m \qquad (1\text{-}4)$$

式中，I_m 和 U_m 分别为最佳工作电流和最佳工作电压。

把太阳电池接上负载，负载中便有电流流过，该电流称为太阳电池的工作电流，也称为负载电流或输出电流。负载两端的电压称为太阳电池的工作电压。太阳电池的工作电压和工作电流是随负载电阻变化的，将不同阻值所对应的工作电压和电流值做成曲线就可得到太阳电池的伏安特性曲线（图 1-9）。

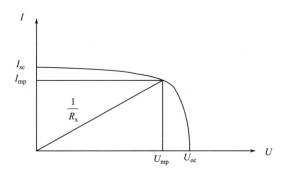

图 1-9　太阳电池的伏安特性曲线

如果选择的负载电阻值能使输出电压和电流的乘积最大，即获得了最大输出功率，用符号 P_{max} 表示。此时的工作电压和电流称为最佳工作电压和最佳工作电流，分别用符号 U_{mp} 和 I_{mp} 表示。

将最大功率 P_m 与 U_{oc} 与 I_{sc} 的乘积之比定义为填充因子 FF，则

$$FF = \frac{P_{\mathrm{m}}}{U_{\mathrm{oc}} I_{\mathrm{sc}}} = \frac{U_{\mathrm{m}} I_{\mathrm{m}}}{U_{\mathrm{oc}} I_{\mathrm{sc}}} \tag{1-5}$$

FF 为太阳电池的重要表征参数，FF 愈大则输出的功率愈高，FF 取决于入射光强、材料的禁带宽度、理想系数、串联电阻和并联电阻等。

填充因子 FF 是衡量太阳电池输出特性的重要参数，它是最大输出功率与开路电压和短路电流乘积之比。是代表太阳电池在带最佳负载时，能输出的最大功率的特性，其值越大表示太阳电池的输出功率越大。FF 的值始终小于 1，可由下经验公式给出：

$$FF = \frac{U_{\mathrm{oc}} - \ln(U_{\mathrm{oc}} + 0.72)}{U_{\mathrm{oc}} + 1}$$

式中，U_{oc} 为归一化的开路电压。

太阳电池的光电转换效率，是指在外部回路上连接最佳负载电阻时的最大能量转换效率，等于太阳电池的输出功率与入射到太阳电池表面上的能量之比。光电池将光能直接转换为有用电能的转换效率是判别电池质量的重要参数，用 η 表示。

$$\eta = \frac{P_{\max}}{P_{\mathrm{m}}} = \frac{I_{\mathrm{mp}} U_{\mathrm{mp}}}{P_{\mathrm{m}}} = \frac{I_{\mathrm{mp}} U_{\mathrm{mp}}}{FF U_{\mathrm{oc}} I_{\mathrm{sc}}} \tag{1-6}$$

即电池的最大输出功率与入射光功率之比。

1.3 太阳电池的特点及分类

1.3.1 太阳电池的特点

太阳能光伏发电具有的许多优点是未来能源非常需要的。① 它不受地域限制，有阳光就可发电；② 发电过程是简单的物理过程，无任何废气废物排出，对环境基本上没有任何影响；③ 太阳电池静态运行，无运转部件，无磨损，可靠性高，没有任何噪声；④ 发电功率由太阳电池决定，可按所需功率装配成任意大小；⑤ 既便于作为独立能源，也可与别的电源联网使用；⑥ 寿命长（可达20年以上）；⑦ 太阳电池重量轻、性能稳定、灵敏度高；⑧ 太阳寿命达60亿年，因而太阳能发电相对来说是无限能源。它是一种通用的电力技术，可以用在许多或大或小的领域，可用于任何有阳光的地方，可以安装到任何物体表面，也可以集成到建筑结构中，容易实现无人化和全自动化。由于这些特点太阳电池在各国空间技术当中有着广泛的使用。在可再生能源中主要是生物能，太阳能占的比例很小，但到 2050 年常规能源和核能的比例将下降到 47％，可再生能源上升到 53％。在可再生能源中，太阳能（包括太阳能热利用和太阳能发电）将占据首位，占总能源的 29％。特别值得指出的是，其中仅太阳能发电就占总能源的 25％。2020～2100 年太阳能发电在能源市场的预测见图 1-10。

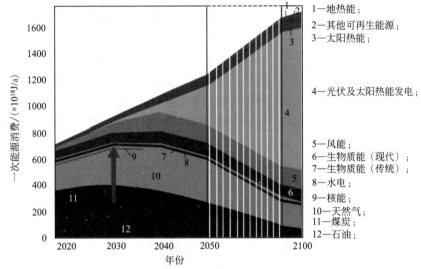

图 1-10　2020～2100 年太阳能发电在能源市场的预测

1.3.2　太阳电池的分类

在太阳电池的整个发展历程中，人们先后开发出了各种不同结构和不同材料的电池。从结构方面分，主要有同质 PN 结电池、肖特基（MS）电池、MIS 电池、MINP 电池、异质结电池等，其中同质 PN 结电池自始至终占着主导地位；从材料方面分，主要有硅系太阳电池、多元化合物薄膜太阳电池、有机半导体薄膜太阳电池、纳米晶化学太阳电池等；从材料外形特点方面分，可分为体材料和薄膜材料。

1.3.2.1　晶硅太阳电池

晶硅太阳电池分为单晶硅太阳电池和多晶硅太阳电池。

单晶硅太阳能电池，是太阳电池中转换效率最高、技术最为成熟的太阳电池。这是因为单晶硅材料及其相关的加工工艺成熟稳定，单晶硅结构均匀，杂质和缺陷含量少，电池的转化效率高。为了产生低的接触电阻，电池的表层区域要求重掺杂，而高杂质浓度会增强这一区域少数载流子的复合速率，使该层的少子寿命极低，所以称其为"死层"。而这一区域恰又是最强的光吸收区，紫光和蓝光主要在这里吸收，通常采用减薄太阳能电池 N$^+$ 层的厚度为 $0.1\sim0.2\mu m$，即采用"浅结"技术，并将表面磷浓度控制在固溶度极限值以下，这样制成的太阳电池可以克服"死层"的影响，提高电池的蓝-紫光响应和转换效率，这种电池被称为"紫电池"。另外，在电池基体和底电极间建立一个同种杂质的浓度梯度，制备一个 P-P$^+$ 或 N-N$^+$ 高低结，形成背电场，可以提高载流子的有效收集，改善太阳电池的长波响应，提高短路电流和开路电压，这种电池被称为"背场电池"。20 世纪 80 年代 Green 小组集以上技术于一身开发了"刻槽电池"。该电池用激光刻槽技术，进行二次重掺杂，与印刷法相比，此法使电池效率提高了 10%～15%。20 世纪 80 年代开始，发展了表面钝化技术，从 PESC 电池的薄氧化层（<10nm）到 PERC、PERL 电池的厚氧化层（约 110nm），热氧化表面钝化技术可以把表面态密度降到 $10^{10}/cm^2$ 以下，表面复合速度降到低于 100cm/s。各种技术的使用促使单晶硅电池的转换效率提高到了 24.7%，根据专家预测单晶硅电池的极限效率为 29%。为了降低电池的成本，在提高转换效率的同时，目前人们正在探索减薄电池厚度，即实现薄片化。

多晶硅太阳能电池，一般采用专门为太阳能电池使用而生产的多晶硅材料。目前应用最广的多晶硅制造方法是浇铸法，也称为铸造法。多晶硅太阳能电池一般采用低等级的半导体多晶硅，采用的多晶硅片大部分是从控制或者铸造的晶硅锭上切割而成的。多晶硅锭是以半导体工业的次品硅、废次单晶及冶金级硅粉等为原材料熔融浇铸而成的。目前，随着太阳能电池产量的爆炸式发展，上述原料已经不能满足太阳能电池产业的需要，现在正在形成专门以多晶硅太阳能电池作为目标的生产产业，这一点将在后面讲述。

为了减少硅片切割时的损失，采用直接由熔融的硅制备太阳能电池所需多晶硅片，用此法制备的电池一般被称为带硅电池。制备带硅的两种方法：一种被称为 EFG"定边喂膜法"，工业应用中先生长八面多晶硅管，再把每面切成硅片；另一种被称为"蹼状结晶法"，Evergreen Solar 公司采用此法，方法是用细炭棒把熔融的硅限制并从熔池拉出，限在两细棒中的硅液冷却凝固生成硅带。与单晶硅太阳能电池相比，多晶硅太阳能电池成本较低，而且转换效率与单晶硅太阳能电池比较接近，因此，近年来多晶硅高效电池的发展很快，其中比较有代表性的是 Geogia Tech 电池、UNSW 电池、Kyocera 电池等。在近年来生产的太阳能电池中多晶硅太阳电池超过单晶硅占 52%，是太阳能电池的主要产品之一。但是，与现有能源价格相比，由于发电成本仍然过高，晶硅太阳能电池不能广泛地商业推广。

1.3.2.2 薄膜太阳能电池

根据制备太阳能电池的材料，薄膜太阳能电池可以分为如下几类。

（1）多元化合物薄膜太阳能电池

铜铟硒：$CuInSe_2$ 的带隙为 1.53eV，被看作理想的光伏材料，它只靠引入自身缺陷便可形成电导很高的 P 型和 N 型，这就降低了电池对晶粒大小、杂质含量、缺陷的要求，电池效率已达到 15.4%。掺入适量的 Ga、Al 或 S 可以增大它的带隙，用于制作高效单结或叠层电池。$CuInSe_2$ 是一种三元 I-III-VI$_2$ 族化合物半导体，是一种直接带隙半导体材料，吸收率高达 $10^5/cm$。$CuInSe_2$ 的电子亲和势为 4.58eV，与 CdS 的电子亲和势（4.50eV）相差很小（0.08eV），这使得它们形成的异质结没有导带尖峰，降低了光生载流子的势垒。$CuInSe_2$ 薄膜生长工艺：真空蒸发法、Cu-In 合金膜的硒化处理法（包括电沉积法和化学热还原法）、封闭空间的气相输运法（CsCVT）、喷涂热解法、射频溅射法等。CIS 太阳电池是在玻璃或其他廉价衬底上分别沉积多层薄膜而构成的光伏器件，其结构为：光→金属栅状电极/减反射膜/窗口层（ZnO）/过渡层（CdS）/光吸收层（CIS）/金属背电极（Mo）/衬底。

碲化镉：CdTe 有 1.5eV 的直接带隙，它的光谱响应与太阳光谱十分吻合，在可见光段有很高的吸收系数，$1\mu m$ 厚就能吸收 90% 的可见光。CdTe 是 Ⅱ-Ⅵ 族化合物，由于 CdTe 膜具有直接带隙结构，其光吸收系数极大，因此降低了对材料扩散长度的要求。以 CdTe 作为吸收体的薄膜半导体材料与窗口层 CdS 形成异质结太阳电池，其结构为：光→减反射膜（MgF_2）/玻璃衬底/透明电极（SnO_2：F）/窗口层（CdS）/吸收层（CdTe）/欧姆接触过渡层/金属背电极。制备方法有升华、MOCVD、CVD、电沉积、丝网印刷、真空蒸发以及原子层外延等多种方法，各种方法都曾做过转换效率 10% 以上的 CdTe 薄膜太阳电池。其中，以 CdS/CdTe 结所沉积的电池效率达到了 16.5%。

砷化镓：该电池材料禁带宽度适中，耐辐射和高温性能比硅强，太阳电池可以得到较高的效率，实验室最高效率已达到 24% 以上，一般航天用的太阳电池效率也在 18%～19.5% 之间。在单晶衬底上生长的单结电池效率为 $GaInP_2$/GaAs 级联电池的理论效率的 36%，实验室中已制出了面积 $4m^2$、转换效率 30.28% 的叠层太阳电池。砷化镓太阳电池目前大多用液相外延方法或金属有机化学气相沉积技术制备，因此成本高，产量受到限制，降低成本和提高生产效率已成为研究重点。砷化镓太阳电池目前主要用在航天器上。

（2）有机半导体薄膜太阳电池

有机半导体有许多特殊的性质，可用来制造许多薄膜半导体器件，如：场效应晶体管、场效应电光调制器、光发射二极管、光伏器件等。有机半导体吸收光子产生电子-空穴对，结合能为 0.2～1.0eV，P 型半导体材料和 N 型半导体材料的界面电子-空穴对的解离，导致高效的电荷分离，形成通常所说的异质结型太阳能电池。用于光伏器件的有机半导体粗略地分为分子型有机半导体和聚合物型有机半导体两类，后来又出现了双层有机半导体异质结太阳电池。有机半导体根据其化学性能可分为可溶、不可溶和液晶三类；有时也按单体分为染料、色素和聚合体三类。对有机半导体的掺杂采用引入其他分子和原子，也可采用电化学的方法对其进行氧化处理。能使它成 P 型的杂质有 Cl_2、Br_2、I_2、NO_2、TCNQ、CN-PPV 等；掺杂碱金属可以使其成为 N 型。

（3）染料敏化纳米薄膜太阳电池

染料敏化纳米薄膜电池是瑞士联邦技术研究所 Michel Graetzel 博士发明的

电池。纳米晶化学太阳能电池（简称 NPC 电池）是由一种窄禁带半导体材料修饰、组装到另一种大能隙半导体材料上形成的，窄禁带半导体材料采用过渡金属 Ru 以及有机化合物敏化染料，大能隙半导体材料为纳米多晶 TiO_2 并制成电极，此外 NPC 电池还选用适当的氧化-还原电解质。纳米多晶 TiO_2 的工作原理：染料分子吸收太阳光能跃迁到激发态，激发态不稳定，电子快速注入到紧邻的 TiO_2 导带，染料中失去的电子则很快从电解质中得到补偿，进入 TiO_2 导带中的电子最终进入导电膜，然后通过外回路产生光生电流。它是纳米的二氧化钛多孔薄膜经过光敏染料敏化，使光电化学电池的效率得到极大提高的一种新型电池。这种电池在室外具有稳定的效率，1998 年瑞士联邦科学院的小面积电池的效率为 12％。一些国家进行了中试，具体电池效率是：德国 INAP 的 30cm×30cm 为 6％；澳大利亚 STI 的 10cm×20cm 为 5％。我国以中科院等离子体物理研究所为主要承担单位的大面积染料敏化纳米薄膜太阳电池研究项目建成了 500W 阵列规模的小型示范电站，使我国在该研究领域的某些方面进入了世界领先行列。

（4）非晶硅薄膜太阳电池

非晶硅是最早商业化的薄膜电池。典型的非晶硅（α-Si）太阳电池是在玻璃衬底上沉积透明导电膜（TCO），利用等离子反应沉积 P 型、I 型、N 型三层 α-Si，接着在上面蒸镀金属电极 Al/Ti。光从玻璃层入射，电池电流经透明导电膜和金属电极 Al/Ti 引出，其结构为玻璃/TCO/P-I-N/Al/Ti，衬底也可采用塑料膜、不锈钢片等。非晶硅引入大量的氢（10％）后，禁带宽度从 1.1eV 升高到了 1.7eV，有很强的光吸收性。另外，在较薄的 P 层和 N 层间加入一层厚的"本征层"，形成 P-I-N 结构。以杂质缺陷较少的 I 层作为主要吸收层，在光生载流子的产生区形成电场，增强了载流子的收集效果。为了降低顶部薄掺杂层的大横向电阻带来的损失，电池的上电极采用透明导电膜。并且，在透明导电薄膜上制备织构增强透光。目前，使用最多的透明导电材料是 SnO_2 和 ITO（In_2O_3 和 SnO_2 的混合物），ZAO（掺铝氧化锌）被认为是新型的优良透明导电材料。由于太阳光的能量分布较宽，半导体材料只能吸收能量比其能隙值高的光子，其余的光子就会转化成热能，而不能通过光生载流子传给负载转化成有效电能，因此，对于单结太阳能电池，就算是由晶体材料制成的，其转换效率的理论极限也只有 29％左右。以前，非晶硅电池多以单结电池形式，后来发展起双结叠层电池，可以更有效地收集光生载流子。BP Solar 采用 Si-Ge 合金作为底电池材料，因 Si-Ge 合金的禁带较窄，作为底层电池材料增强了电池的光谱响应。Beckaert 采用不同 Ge 含量的非晶硅制作两个底层电池的三结串接电池创造了非晶硅电池组件的最高稳定效率 6.3％。在薄膜太阳电池中，非晶硅电池首先实现了商品化，1980 年日本三洋电气公司利用 α-Si 太阳电池制成袖珍计算器，1981 年便实现了工业化生产，α-Si 电池的年销售量曾占到世界光伏销量的 40％。随着非晶硅电池性能的不断提高，成本不断下降，其应用领域亦在不断扩大。由计算器扩展到各种消费产品及其他领域，如太阳能收音机、路灯、微波中继站、交通道口信号灯、气象监测以及光伏水泵、户用独立电源、与电网并网发电等。这一部分将在下面章节详细论述。

（5）多晶硅薄膜太阳电池

多晶硅薄膜电池的研究工作开始于 20 世纪 70 年代，比非晶硅薄膜电池还要早，但是当时人们的注意力主要集中在非晶硅薄膜电池上，在非晶硅薄膜电池的研究工作遭遇难以解决的问题后，人们很自然地开始关注多晶硅薄膜电池。由于多晶硅薄膜电池使用的硅材料远比单晶硅电池少，不存在非晶硅薄膜电池的光致衰减问题，并且有可能在廉价衬底上制备，预期成本远低于单晶硅电池，人们有希望使太阳能电池组件的成本降至 1 美元/W 左右。多晶硅薄膜电池还可以作为非晶硅串结电池的底电池，可以提高电池的光谱响应和寿命，因此 1987 年以来发展比较迅速，现在多晶硅薄膜电池光电性能稳定，Astro Power 公司最高实验室效率达到了 16%。目前制备多晶硅薄膜电池多采用化学气相沉积法，包括低压化学气相沉积（LPCVD）和等离子增强化学气相沉积（PECVD）工艺。此外，液相外延法（LPE）和溅射沉积法也可用来制备多晶硅薄膜电池。LPE 法生长技术已经广泛用于高质量和化合物半导体异质结构，如 GaAs、AlGaAs、Si、Ge 及 SiGe 等，其原理是通过将硅熔融在母体里，降低温度析出硅膜。美国 Astro Power 公司采用 LPE 制备的电池效率可达 12.2%。中国光电发展技术中心的陈哲良采用液相外延法在冶金级硅片上生长出硅晶粒，并设计了一种类似于晶体硅薄膜太阳能电池的新型太阳能电池，称为"硅粒"太阳能电池。

目前由马丁·格林教授领导的新南威尔士大学所谓第三代太阳能电池研究中心，正积极开展超高效（＞50%）太阳能电池的理论研究工作和科学实验工作。研究的重点是如何充分收集由价带跃迁到高层导带的载流子。目前研究实验的电池主要有超晶格电池、"热载流子"电池、新型"叠层"电池和"热光伏"电池等。

1.4　太阳电池组件　◄◄◄

根据欧洲光伏工业协会（EPLA）2012 年统计，晶硅太阳电池一直占太阳电池市场的绝大部分，是光伏发电的主流。不同种类太阳电池的市场分布见图 1-11。

由于晶硅太阳电池本身容易破碎、容易被腐蚀，若直接暴露在大气中，光电转换效率会由于潮湿、灰尘、酸雨等因素的影响而下降，也容易损坏。因此，晶硅太阳电池一般都必须通过胶封、层压等方式做成平板式结构后使用，作电源用必须将若干单体电池串、并联连接并严密封装，这就是太阳能电池组件。太阳电池组件实物外形如图 1-12 所示。

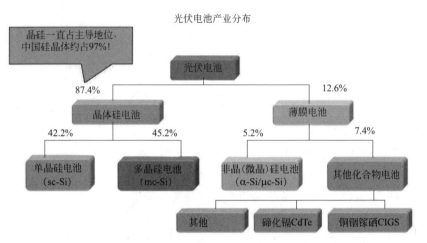

图 1-11　不同种类太阳电池的市场分布

图 1-12　太阳电池组件

太阳电池组件封装是太阳电池能够长寿命利用的关键环节，以隔绝太阳电池与外界大气的联系通道，保护电极和避免互连线受到腐蚀。另外用刚性材料进行封装也避免了太阳电池碎裂，封装质量的好坏决定了晶硅太阳电池组件的性能和使用寿命。晶硅太阳电池的封装主要是采用真空热压法，将经过正负极焊接的太阳电池单体，经串、并联形成晶体硅太阳电池阵列后，两面用 EVA（Ethylene/Vinyl Acetate，聚乙烯醋酸乙烯酯）材料，再在两侧加上低铁钢化玻璃和 TPT，放入真空层压机内，将层压腔室抽真空，加热，将玻璃/EVA/太阳电池串/EVA/TPT 热压到一起，保证使用的实用性、互换性、可靠性和寿命。其中，TPT（Tedler-Polyeast Tedler）是太阳电池背面的覆盖物，为白色氟塑料膜。组件封装后有足够的机械强度，能经受在运输、安装和使用过程中发生的冲突、振动及其他应力，减少整体电能损失。

1.4.1 太阳电池组件结构

常规的太阳电池组件结构形式有下列几种，玻璃壳体式结构见图 1-13，平板式组件见图 1-14，无盖板的全胶密封组件见图 1-15。

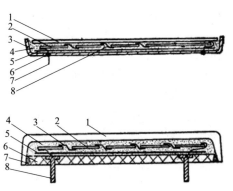

图 1-13 玻璃壳体式太阳电池组件示意图

1—玻璃壳体；2—硅太阳电池；3—互连条；4—粘接剂；
5—衬底；6—下底板；7—边框线；8—电极接线柱

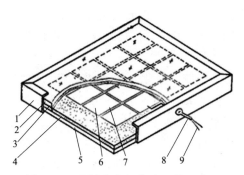

图 1-14 平板式太阳电池组件示意图

1—边框；2—边框封装胶；3—上玻璃盖板；4—粘接剂；5—下底板；
6—硅太阳电池；7—互连条；8—引线护套；9—电极引线

图 1-15 全胶密封太阳电池组件示意图

1—硅太阳电池；2—粘接剂；3—电极引线；4—下底板；5—互连条

1.4.2　太阳电池组件的封装材料

组件寿命是衡量组件质量的重要因素之一。组件工作寿命的长短和封装材料、封装工艺有很大的关系。封装材料对太阳电池起重要的作用，例如玻璃、EVA、玻璃纤维和 TPT 对封装后的组件输出功率也会有影响。要求组件所使用的材料、零部件及结构在使用寿命上互相一致，避免因一处损坏而使整个组件失效。

（1）上盖板

上盖板覆盖在太阳电池组件的正面，构成组件的最外层，它既要透光率高，又要坚固，起到长期保护电池的作用。做上盖板的材料有：钢化玻璃、聚丙烯酸类树脂、氟化乙烯丙烯、透明聚酯、聚碳酯等。

太阳电池所用的封装玻璃，目前的主流产品为低铁钢化压花玻璃，在太阳能电池光谱响应的波长范围内（320～1100nm），因其含铁量极低（低于 0.015%），所以其透光率极高（在 400～1100nm 的光谱范围内为 91% 左右），从其边缘看过去为白色因而又称白玻璃，对于大于 1200nm 的红外线有较高的反射率。

另外，对玻璃进行钢化处理，不仅光透过率仍保持较高值，而且可使玻璃的强度提高为普通平板玻璃的 3～4 倍。玻璃钢化过程有助于提高太阳电池组件抗冰雹、意外打击的能力，确保整个太阳电池组件有足够高的机械强度。为了减少光的反射，可以对玻璃表面进行一些减反射工艺处理，可制成"减反射玻璃"，其措施主要是在玻璃表面涂布一层薄膜层，减少玻璃的反射率。

（2）树脂

树脂包括室温固化硅橡胶、氟化乙烯丙烯、聚乙烯醇缩丁醛、透明双氧树脂、聚醋酸乙烯等。一般要求有如下几点：① 在可见光范围内具有高透光性；② 具有弹性；③ 具有良好的电绝缘性能；④ 能适用自动化的组件封装。树脂封装是一种简易的太阳电池封装形式，它采用简易的措施对太阳电池进行封装保护，所使用的材料成本相对低廉。它以其灵活性和低廉的价格广泛地应用于小型太阳能产品，如：太阳能草坪灯、太阳能充电器、太阳能教学用具、太阳能玩具、太阳能路标及太阳能信号灯等。

（3）有机硅胶

有机硅产品的基本结构单元是由硅-氧链节构成的，侧链则通过硅原子与其他各种有机基团相连。有机硅不但可耐高温，而且也耐低温，可在一个很宽的温度范围内使用。无论是化学性能还是物理力学性能，随温度的变化都很小。有机硅产品都具有良好的电绝缘性能，其介电损耗、耐电压、耐电弧、耐电晕、体积电阻系数和表面电阻系数等均在绝缘材料中名列前茅，而且它们的电气性能受温度和频率的影响很小，并且硅胶固化后呈无色高透明状。

（4）EVA胶膜

EVA又被称为太阳电池胶膜，用于粘接玻璃与太阳电池阵、太阳电池阵与TPT膜，其透光率良好。标准的太阳电池组件中一般要加入两层EVA胶膜，EVA胶膜在电池与玻璃、电池与TPT之间起粘接作用。EVA是乙烯和醋酸乙烯酯的共聚物，未改造的EVA具有透明、柔软、有热熔粘接性、熔融温度低、熔融流动性好的特点。这些特征符合太阳电池封闭的要求，但其耐热性差，易延伸而弹性低，内聚强度低，易产生热收缩而致使太阳电池碎裂，使粘接脱层。此外，太阳电池组件作为一种长期在户外使用的产品，EVA胶膜是否能经受户外的紫外线老化和热老化也是一个非常重要的问题。以EVA为原料，添加适宜的改性助剂等，经加热挤压成型而制得的EVA太阳电池胶膜，在常温时便于裁切操作；按加热固化条件对太阳电池组件进行层压封闭，冷却后即产生永久的黏合密封。玻璃纤维层用玻璃纤维编织而成，用于去除层压时可能被密封在电池板内的气泡。

（5）背面材料

一般为钢化玻璃、铝合金、有机玻璃、TPT等。TPT用来防止水汽进入太阳电池组件内部，并对阳光起反射作用，因其具有较高的红外反射率，可以降低组件的工作温度，也有利于提高组件的效率。TPT膜厚为0.12mm，其反射率在400～1100nm的光谱范围内平均值为0.648。

目前较多应用的是TPT复合膜，有如下要求：① 具有良好的耐气候性，能经受户外的气温变化、紫外线老化和热老化等；② 层压温度下不起任何变化；③ 与粘接材料结合牢固。

（6）边框

平板组件必须有边框以保护组件，有边框的组件组成方阵。边框用粘接剂构成对组件边缘的密封，主要材料有不锈钢、铝合金、橡胶、增强塑料等。

1.4.3 太阳电池组件生产工艺

（1）电池测试

由于电池片制作条件的随机性，生产出来的电池性能不尽相同，所以为了有效地将性能一致或相近的电池组合在一起，应根据其性能参数进行分类；电池测试即通过测试电池的输出参数（电流和电压）的大小对其进行分类，以提高电池的利用率，做出质量合格的电池组件。

（2）正面焊接

正面焊接是将汇流带焊接到电池正面（负极）的主栅线上，汇流带为镀锡的铜带，使用的焊接机可以将焊带以多点的形式点焊在主栅线上。焊接用的热源为一个红外灯，利用红外线的热效应进行焊接，焊带的长度约为电池边长的2倍，多出的焊带在背面焊接时与电池片后面的背面电极相连。

（3）背面串接

背面串接是将电池串接在一起形成一个组件串。电池的定位主要靠一个模具板，上面有放置电池片的凹槽，槽的大小和电池的大小相对应，槽的位置已经设计好，不同规格的组件使用不同的模板。操作者使用电烙铁和焊锡丝将"前面电池"的正面电极（负极）焊接到"后面电池"的背面电极（正极）上，这样依次将电池片串接在一起并在组件串的正负极焊接出引线。

（4）层压敷设

背面串接好且经过检验合格后，将串接电池片、玻璃和切割好的 EVA、玻璃纤维、背板按照一定的层次敷设好，准备层压。玻璃事先涂一层试剂，以增加玻璃和 EVA 的粘接强度。敷设时保证电池串与玻璃等材料的相对位置，调整好电池间的距离，为层压打好基础。敷设层次由下向上依次是：玻璃、EVA、电池、EVA、玻璃纤维、背板。

（5）组件层压

将敷设好的电池放入层压机内，通过抽真空将组件内的空气抽出，然后加热使 EVA 熔化将电池、玻璃和背板粘接在一起；最后冷却取出组件。层压工艺是组件生产的关键一步，层压温度、层压时间根据 EVA 的性质决定。目前主要使用快速固化 EVA，层压循环时间约为 25min，固化温度为 150℃。

（6）修边

层压时 EVA 熔化后由于压力而向外延伸固化形成毛边，所以层压完毕应将其切除。

（7）装框

类似于给玻璃装镜框一样给玻璃组件装铝合金框，增加组件的强度，进一步地密封电池组件，延长电池的使用寿命。边框和玻璃组件的缝隙用聚硅氧烷树脂填充，各边框间用角键连接。

（8）焊接接线盒

在组件背面引线处焊接一个盒子，以利于电池与其他设备或电池间的连接。

图 1-16　太阳能接线盒

太阳能接线盒（图 1-16）为用户提供了太阳能电池快板的组合连接方案，它是介于太阳电池组件构成的太阳电池方阵和太阳能充电控制装置之间的连接器，是一门集电气设计、机械设计与材料科学相结合的跨领域的综合性设计，属太阳能组件的重要部件。

接线盒的构造：一般太阳能接线盒包括上盖和下盒。上盖与下盒通过转轴连接，其特征在于：在下盒内平行布置有数条接线座，每相邻两接线座之间通过一个或多个二极管连接。上盖或下盒是用导热材料制作的，其产品类型现已有：灌胶式接线盒、屏幕墙接线盒、小组件接线盒等。

（9）组件测试

测试的目的是对电池的输出功率进行标定，测试其输出特性，确定组件的质量等级。太阳电池组件参数测量的内容，除常用的和单体太阳电池相同的一些参数外，还应包括绝缘电阻、绝缘强度、工作温度、反射率及热机械应力等参数。绝缘电阻测量是测量组件输出端和金属基板或框架之间的绝缘电阻。在测量前先做安全检查，对于已经安装使用的方阵首先应检查对地电位、静电效应，以及金属基板、框架、支架等接地是否良好等。可以用普通的兆欧表来测量绝缘电阻，但应选用电压等级大致和待测方阵的开路电压相当的兆欧表。测量绝缘电阻时，大气相对湿度应不大于 75%。绝缘强度是绝缘本身耐受电压的能力。作用在绝缘上的电压超过某临界值时，绝缘将损坏而失去绝缘作用。通常，电力设备的绝缘强度用击穿电压表示；而绝缘材料的绝缘强度则用平均击穿电场强度，简称击穿场强来表示。击穿场强是指在规定的试验条件下，发生击穿的电压除以施加电压的两电极之间的距离。

在室内测试和室外测试两种情况下，对参考组件的形状、尺寸、大小的要求不一致。在室内测试的情况下，要求参考组件的结构、材料、形状、尺寸等都尽可能和待测组件相同。而室外阳光下测量时，上述要求可稍微放宽，即可以采用尺寸较小、形状不完全相同的参考组件。在组件参数测量中，采用参考组件来校准辐照度要比直接用标准太阳电池来校准辐照度更好。

地面用太阳电池组件长年累月运行于室外环境，必须能反复经受各种恶劣的气候条件及其他多变的环境条件，并要保证在相当长的额定寿命（通常要求 15 年以上）内其电性能不发生严重的衰退。在每一个项目进行前后均需观察和检查组件外表有无异常现象，最大输出功率的下降是否大于 5%，凡是外观发生异常或最大输出功率下降大于 5% 者均为不合格，这是各项试验的共同要求。

高压测试是指在组件边框和电极引线间施加一定的电压，测试组件的耐压性和绝缘强度，以保证组件在恶劣的自然条件（比如雷击等）下不被损坏。

振动、冲击检测：振动及冲击试验的目的是考核其耐受运输的能力。振动时间为法向 20min、切向 20min，冲击次数为法向、切向各 3 次。

冰雹试验：模拟冰雹试验所用的钢球大约重 227g，下落高度视组件盖板材料而定（钢化玻璃：高度 100cm，优质玻璃：50cm），向太阳电池组件中心下落。

盐雾试验：在近海环境中使用的太阳电池组件应进行此项试验，在 5% 氯化钠水溶液的雾气中储存 96h 后，检查外观、最大输出功率及绝缘电阻。更严格的检验还有地面太阳光辐照试验、扭弯试验、恒定湿热储存、低温储存和温度交变检验等等。

（10）包装入库

太阳电池组件验收合格后就可以包装入库。

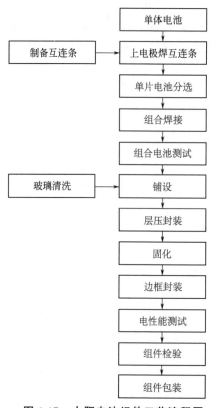

图 1-17 太阳电池组件工艺流程图

太阳电池工艺流程如图 1-17 所示。

随着非晶硅太阳电池的发展，也在研究采用同晶体硅太阳电池一样的超光面封装方式，把集成型太阳电池衬底玻璃直接用作受光面的保护板，各单元电池的连接也不用导线，所以能使组件的组装工艺变得特别简单。

按照用途、目的、规模，太阳电池分为各种种类的组件：

① 用于电子产品的组件。为驱动计算器、手表、收音机、电视、充电器等电子产品，一般需 1.5V 至数十伏的电压。而单个太阳电池产生的电压小于 1V，所以要驱动这些电子产品，必须使多个太阳电池元件串联连接才能达到要求电压。

② 聚光式组件。太阳电池发电系统是在聚焦的太阳光下工作的，它分为透镜式和反光镜式两种。聚光所必需的大面积凸透镜采用透镜，它是把分割的凸透镜曲面连接在一起。反光式又有两种形式，一种是采用抛物面镜，太阳电池则放在其焦点上，另一种是底面放置太阳电池，侧面配置反光镜。太阳电池除了采用单晶硅太阳电池以外，常采用转换效率较高的砷化镓太阳电池。此外还有荧光聚光板型太阳电池，是把所吸收的太阳电池光通过荧光板变为荧光，荧光在荧光板内传播，最后被聚集于放置着太阳电池的端部。

③ 混合型组件。光热混合型组件是为更有效地利用太阳能，让太阳光发电又发热的器件。这种混合型组件有聚光型光热混合型组件和聚热器型光热混合型组件等等。

1.4.4 太阳电池组件生产设备

生产太阳能电池组件生产线上的全套设备：激光划片机（太阳电池片切割、硅片切割）、太阳能组件层压机、太阳能组件测试仪、太阳能电池片分选机等。这些设备都可以由国内厂家生产。

（1）激光划片机

激光划片机（图 1-18）设备主要用于太阳能电池片、硅、锗、砷化镓等半导体衬底材料的刻划与切割。激光划片机采用计算机控制半导体泵浦及灯泵浦激光工作台，能按图形轨迹做各种运动。泵浦就是激励或激发的意思，激光又称镭射，英文 laser 的中文翻译，具备高亮度、高准直性、高同调性，可用于工业加工、医疗、军事等领域。

半导体泵浦及灯泵浦激光器都是采用 Nd：YAG（掺钕钇铝石榴石）晶体作为激光产生的工作物质，这种材料对泵浦光的吸收波峰在 808nm 附近。灯泵浦是利用氪灯发出的光来泵浦 Nd：YAG 晶体，产生 1064nm 的工作激光，但氪灯发出的光的光谱较宽，只是在 808nm 处有一个稍大的峰值，其他波长的光最后都转换成无用的热量散发掉了。

图 1-18　激光划片机

也有半导体泵浦，它是利用半导体激光二极管发出 808nm 的激光来泵浦 Nd：YAG晶体，产生激光。由于半导体激光二极管的发射波长与激光工作物质的吸收峰相吻合，加之泵浦光模式可以很好地与激光振荡模式相匹配，从而光转换效率很高。半导体泵浦的激光器的光转换效率可达 35％以上（灯泵浦光效率仅为 3％～6％），整机效率比灯泵浦激光器高出一个量级，因而只需轻巧的水冷系统，所以，半导体泵浦激光器体积小、重量轻、结构紧凑。

（2）太阳能组件层压机

太阳能组件层压机（图 1-19）用于单晶（多晶）太阳能组件的封装，能按照设置程序自动完成加热、抽真空、层压等过程；自动方式是通过控制台预先设定层压各控制参数，手动关盖后自动运行，层压完毕自动报警开盖，等待封装下批组件；手动方式是通过控制台上控制按钮进行手动操作。平面式层压平台使电池板水平放置，均匀受热，自动化程度高，性能稳定，一个人可轻易完成放置和取出电池板的操作。

图 1-19　太阳能组件层压机

（3）太阳能组件测试仪

太阳能组件测试仪（图 1-20）专门用于太阳能单晶硅和多晶硅电池组件的测试。通过模拟太阳光谱光源，对电池组件的相关电参数进行测量。一般都独有校正装置，输入补偿参数，进行自动/手动温度补偿和光强度补偿，具备自动测温与温度修正功能。

图 1-20　太阳能组件测试仪

测量太阳电池的电性能归结为测量它的伏安特性，由于伏安特性与测试条件有关，必须在统一规定的标准测试条件下进行测量，或将测量结果换算到标准测试条件，才能鉴定太阳电池电性能的好坏。标准测试条件包括标准太阳光（标准光谱和标准辐照度）和标准测试温度，温度可以人工控制，标准太阳光可以人工模拟，或在自然条件下寻找。使用模拟阳光，光谱取决于电光源的种类及滤光、反光系统；辐照度可以用标准太阳电池短路电流的标定值来校准。为了减少光谱失配误差，模拟阳光的光谱应尽量接近标准阳光光谱，或选用和被测量电池光谱响应基本相同的标准太阳电池。

关于太阳电池效率的检测，一种情况是太阳模拟器的光谱和标准太阳光谱完全一致，另一种情况是被测太阳电池的光谱响应和标准太阳电池的光谱响应完全一致。这两种特殊情况都难以严格地实现，但相比之下，后一种情况更难实现，因为待测太阳电池是多种多样的，不可能每一片待测电池都配上和它光谱响应完全一致的标准太阳电池。光谱响应之所以难于控制，一方面出于工艺上的原因，在众多复杂因素的影响下，即使是同工艺、同结构、同材料，甚至是同一批生产出来的太阳电池，并不能保证具有完全相同的光谱响应；另一方面来自测试的困难，光谱响应的测量要比伏安特性麻烦得多，也不易测量正确，不可能在测量伏安特性之前先把每片太阳电池的光谱响应测量一下。因此为了改善光谱匹配，最好的办法是设计光谱分布和标准太阳光谱非常接近的精密型太阳模拟器。标准规定地面标准阳光光谱采用总辐射的 AM1.5 标准阳光光谱，地面阳光的总辐照度规定为 $1000W/m^2$。标准测试温度规定为 25℃。如受客观条件所限，只能在非标准条件下进行测试，则必须将测量结果换算到标准测试条件。

习 题

一、填空题

1. 太阳辐射能来源于太阳内部的＿＿＿＿＿＿＿＿＿＿反应。

2. 太阳能波长分布在＿＿＿＿＿、＿＿＿＿＿、＿＿＿＿＿。

3. 在本征半导体材料中掺入＿＿＿＿＿，杂质提供电子，则使得其中的电子浓度大于空穴浓度，就形成＿＿＿＿＿材料，杂质称为施主。

二、名词解释

载流子 能带 禁带 带隙 本征半导体 本征激发 空穴 电子-空穴对
非平衡载流子 N 型半导体 P 型半导体 内建电场 PN 结 少子寿命
迁移率 短路电流 开路电压 最大功率 填充因子 太阳电池组件

三、问答题

1. 简述太阳能光伏发电具有什么优点。

2. 说明太阳电池的基本发电原理。

第2章
独立型太阳电池系统

太阳能电池组件需要配上控制系统等才组成实用的太阳能电池系统（图2-1）。太阳能电池应用系统的设计需要考虑如下因素：① 太阳电池系统使用地日光辐射情况；② 太阳电池系统的负载功率；③ 太阳电池系统的输出电压情况，直交流的区别；④ 太阳电池系统每天需要工作的时间；⑤ 连续没有日光照射的阴雨天气长短情况；⑥ 太阳电池负载的情况（包括启动电流和负载电阻性质等）；⑦ 系统需求的数量等等。在设计光伏系统中，每一个决定都将影响到它的成本。如果由于不现实的要求而使系统过大，将使系统首期成本有不必要的增长。若使用不耐用的部分，则维修和替换成本将增加。如果在系统设计过程中选择不正确则很容易使整个系统寿命周期成本增加，所以在设计光伏系统时要符合实际、灵活的原则。

按运行方式不同系统分为独立型、并网型和混合型。按其规模可以分为大、中、小三类，其中大型是指独立光伏电站；中型是指应用系统；小型是指比户用系统规模还要小的类型，如太阳能路灯（图2-2），小型的一般都是独立系统。

图2-1　太阳能电池系统

图2-2　太阳能电池路灯

2.1 独立太阳电池系统特点 ◁◁◁

　　独立型就是不和电力公司公共电网并网的系统。太阳能电池的光电转换效率，受电池本身的温度、太阳光强和蓄电池电压浮动的影响，而这三者在一天内都会发生变化，太阳照在地面辐射光的光谱、光强受大气层厚度（即大气质量）、地理位置、所在地的气候和气象、地形地物等的影响，其能量在一日、一月和一年内都有很大的变化，甚至各年之间的每年总辐射量也有较大的差别。地球上各地区受太阳光照射及辐射能变化的周期为一天 24h，处在某一地区的太阳能电池的发电量也有 24h 的周期性的变化，其规律与太阳照在该地区辐射的变化规律相同。另外，天气的变化将影响太阳能电池组件的发电量，如果有几天连续阴雨天，太阳能电池组件就几乎不能发电，所以太阳能电池的发电量是变量。

　　蓄电池组是工作在浮充电状态下的，其电压随方阵发电量和负载用电量的变化而变化。蓄电池提供的能量还受环境温度的影响。太阳能电池充放电控制器由电子元器件制造而成，它本身也需要耗能，而使用的元器件的性能、质量等也关系到耗能的大小，从而影响到充电的效率等。负载的用电情况也视用途而定，有固定的设备耗电量，如通信中继站、无人气象站等，而有些设备如灯塔、航标灯、民用照明及生活用电等设备，用电量是经常有变化的。

　　对独立光伏系统来说，光伏发电是唯一电力来源的电源系统，这种情况下，从全天使用时间上来区分，大致可分为白天、晚上和白天连晚上三种负载。对于仅在白天使用的负载，多数可以由光伏系统直接供电，减少了由于蓄电池充放电等引起的损耗，所配备的光伏系统容量可以适当减小。全部晚上使用的负载其光伏系统所配备的容量就要相应增加。昼夜使用的负载所需要的容量则在两者之间。此外，从全年使用时间上来区分，大致又可分为均衡性负载、季节性负载和随机性负载。影响光伏系统运行的因素很多，关系十分复杂，在实际情况下，要根据现场条件和运行情况而进行处理。

　　由于太阳辐射的随机性，无法确定光伏系统安装后方阵面上各个时段确切的太阳辐照量，只能根据气象台记录的历史资料作为参考。然而，通常气象台站提供的是水平面上的太阳辐照量，需要将其换算成倾斜方阵面上的辐照量。对于一般的光伏系统而言，只要计算倾斜面上的月平均太阳辐照量即可，不必考虑瞬时太阳辐射通量。设计者的任务就是在太阳电池所处的环境条件下（即现场的地理位置、太阳辐射能、气候、气象、地形和地物等），设计的太阳电池应用系统既要讲究经济效益，又要保证系统的高可靠性。

2.2 独立太阳电池系统的基本组成 ◂◂◂

图2-3为一种常用的太阳能独立光伏发电系统结构示意图，该系统由太阳能电池阵列、DC-DC变换器、蓄电池组、DC-AC逆变器和交直流负载构成，如果负载为直流则可不用DC-AC逆变器。DC-DC变换器将太阳能电池阵列转化的电能传送给蓄电池组存储起来供日照不足时使用。蓄电池组的能量直接给直流负载供电或经DC-AC变换器给交流负载供电。

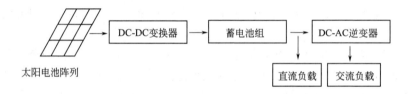

图2-3 独立光伏发电系统结构示意图

独立太阳能发电系统的主要组成有：太阳能电池组件及支架，免维护铅酸蓄电池，充放电控制器，逆变器（使用交流负载时使用），各种专用交、直流灯具，配电柜及线缆等。控制箱箱体应材质良好，美观耐用；控制箱内放置免维护铅酸蓄电池和充放电控制器。阀控密封式铅酸蓄电池，由于其维护很少，故又被称为"免维护电池"，用它有利于系统维护费用的降低；充放电控制器在设计上具备光控、时控、过充保护、过放保护和反接保护等功能。比如，对一个独立太阳能路灯系统，其工作原理是：太阳能电池板白天接收太阳辐射能并转化为电能，经过充放电控制器储存在蓄电池中，夜晚当外界照度逐渐降低到一定数值，太阳能电池板开路电压到对应数值，充放电控制器侦测到这一电压值后动作，蓄电池对灯具供电。蓄电池放电到设定时间后，充放电控制器动作，蓄电池放电结束。充放电控制器的主要作用是保护蓄电池，其充放电的情况和路灯发光时间可以根据用户需要通过控制器设定。蓄电池放电为直流电，如果需要交流用电，需要加上把直流电变成交流电的逆变器。

2.3　太阳电池用蓄电池　　◀◀◀

蓄电池是用来将太阳电池组件产生的电能（直流）存储起来供后级负载使用的部件，在独立光伏系统中，一般都需要控制器来控制其充电状态和放电深度，以保护蓄电池延长其使用寿命。深度循环电池是用较大的电极板制成的，可承受标定的充放电次数。所谓的深循环，是指放电深度为 $60\%\sim70\%$，甚至更高。循环次数取决于放电深度、放电速度、充电速率等等。主要特点是采用较厚的极板以及较高密度的活性物质。极板较厚，可以存储更多的容量，而且放电时，容量的释放速度较慢。而活性物质的高密度则可以保证它们在电池的极板/板栅中附着更长的时间，从而可以降低其衰减的程度。深循环状态下拥有较长的使用寿命；深循环后的恢复能力好。浅循环电池使用较轻的电极板。浅循环电池不能像深度循环电池那样多次地循环使用。太阳能电池的电压要超过蓄电池的工作电压 $20\%\sim30\%$，才能保证给蓄电池正常供电。蓄电池容量应比负载日耗量高 6 倍以上为宜。

目前蓄电池主要有铅酸蓄电池、镍-金属氢化物蓄电池、锂离子蓄电池、燃料电池等。其中，铅酸电池价格低廉，其价格为其余类型电池价格的 $1/4\sim1/6$，一次投资比较低，大多数用户能够承受；技术和制造工艺成熟。缺点是质量大、体积大、能量质量比低，对充放电要求严格。镍镉电池在有些国家使用，它们通常比铅酸电池贵，但镍镉电池寿命长，维修率低，耐用，可承受极热极冷的温度，而且可以完全放电。由于可以完全放电，在某些系统中控制器就可以省下来不用了。控制器并不能通用，一般提供的控制器是为铅酸电池设计的。

蓄电池容量决定负载所能维持的天数，通常是指没有外电力供应的情况下，完全由蓄电池储存的电量供给负载所能维持的天数，蓄电池容量可参考当地年平均连阴雨天数和客户的需要等因素决定。蓄电池的设计包括蓄电池容量的设计计算和蓄电池组的串并联设计。

2.3.1　常用蓄电池的原理

蓄电池是一种可逆的直流电源，提供和存储电能的电化学装置。所谓可逆即放电后经过充电能复原续用。蓄电池的电能是由浸在电解液中的两种不同极板之间发生化学反应产生的。蓄电池放电（流出电流）是化学能转化为电能的过程；蓄电池充电（流入电流）是电能转化为化学能的过程。例如铅酸蓄电池，它由正、负极板，电解液和电解槽组成。正极板的活性物质是二氧化铅（PbO_2），负极板的活性物质是灰色海绵状金属铅（Pb），电解液是硫酸水溶液。蓄电池的充放电总化学方程式为：

$$2PbSO_4 + 2H_2O \Longleftrightarrow PbO_2 + Pb + 2H_2SO_4$$

充电过程，在外加电场的作用之下，通过正负离子各向两极迁移，并在电极溶液界面处发生化学反应。充电时，正极板的 $PbSO_4$ 恢复为 PbO_2，负极板的 $PbSO_4$ 恢复为 Pb，电解液中的 H_2SO_4 增加，密度上升。充电一直进行到极板上的活性物质完全恢复到放电前的状态为止。如果继续充电，将引起水电解，放出大量气泡。蓄电池的正、负极板浸入电解液中后，由于少量的活性物质溶解于电解质溶液，产生电极电位，由于正、负极板电极电位的不同而形成蓄电池的电动势。当正极板浸入电解液中时，少量的 PbO_2 溶入电解液中，与水生成 $Pb(OH)_4$，再分解成四价铅离子和氢氧根离子。当两者达到动平衡时，正极板的电位约为 $+2V$。负极板处金属 Pb 与电解液作用变为 Pb^{2+}，极板带负电，因为正负电荷相吸，Pb^{2+} 有沉附于极板表面的倾向，当两者达到动态平衡时，极板的电极电位约为 $-0.1V$。一个充足电的蓄电池（单格）的静止电动势 E_0 约为 $2.1V$，实际测定结果为 $2.044V$。

蓄电池放电时，在电池内部，电解质发生电解，正极板的 PbO_2 和负极板的 Pb 变为 $PbSO_4$，电解液中的 H_2SO_4 减少，密度下降。电池外部，负极上的负电荷在蓄电池电动势作用之下源源不断地流向正极。整个系统形成了一个回路：在电池负极发生氧化反应，在电池正极发生还原反应。由于正极上的还原反应使得正极板电极电位逐渐降低，同时负极板上的氧化反应又促使电极电位升高，整个过程将引起蓄电池电动势的下降。蓄电池的放电过程（图 2-4）是其充电过程的逆转。

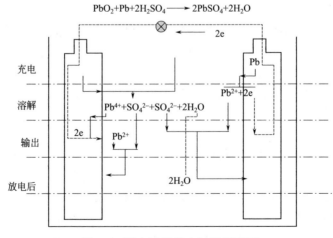

图 2-4　蓄电池的放电过程示意图

蓄电池放电结束后，极板上尚有 70%～80% 的活性物质没有起作用，好的蓄电池应该充分提高极板活性物质的利用率。

2.3.2　几种常用蓄电池

（1）铅酸密封蓄电池

铅酸密封蓄电池由正负极板、隔板和电解液、电池槽及连接条（或铅零件）、接线端子和排气阀等组成。极板是蓄电池的核心部件，是带有栅格结构的铅栅格板，分正极板和负极板两种。正极板上的活性物质是二氧化铅，呈棕红色；负极板上的活性物质是海绵状纯铅，呈青灰色。用在独立光伏系统中的电池应是深度循环大负载类型的。由于极板材料铅较软，所以要加一些如锑或钙之类的元素以加强铅板的硬度，这样可改善电池的性能。阀控式密封铅酸蓄电池具有不需补加酸水、无酸雾析出、可任意放置、搬运方便、使用清洁等优点，近几年在光伏发电系统中得到了广泛应用。但是，蓄电池组的价格相对昂贵，寿命较短，一般免维护的工作寿命为 5 年，而光伏电池板的稳定工作寿命为 25～30 年，蓄电池的存在势必影响光伏系统的寿命，因此，通过采用合适的充放电方法，尽量延长蓄电池的寿命，可以很大程度上降低光伏系统维护费用。铅酸密封蓄电池结构如图 2-5 所示。

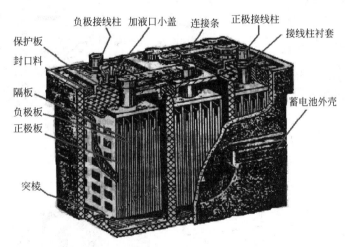

图 2-5　铅酸蓄电池结构示意图

极板是蓄电池的核心，在蓄电池充、放电过程中，电能与化学能的转换是通过正、负极板上的活性物质与电解液中的硫酸进行电化学反应来实现的。

蓄电池极板（图 2-6）分正、负极板，由栅架和活性物质组成。正极板上的活性物质是二氧化铅（PbO_2），负极板上的活性物质是铅（Pb）。单片极板上的活性物质数量少，所存储的电量少，为了增大电池容量，将正、负极板分别并

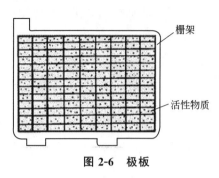

图 2-6 极板

栅架

活性物质

联，中间插入隔板，组成正、负极板组。

将二氧化铅与稀硫酸调成膏状涂在栅架上，就成了正极板（图 2-7）。

将纯铅粉与稀硫酸调成膏状涂在栅架上，就成了负极板（图 2-8）。单格电池组中，负极板要比正极多一片。原因是在充放电时，两极板和电解液发生化学反应而发热使极板膨胀，但两极板发热程度不同，正极板发热量大，膨胀较严重，而负极板则很轻微，为了使正极板两面均发生同样的化学变化，膨胀程度均衡，防止极板发生弯曲和折断现象，所以要多一片负极板。外层负极板虽仅一面发生化学变化，但因其发热量很小不致引起变形和断裂。

图 2-7 正极板

图 2-8 负极板

隔板（图 2-9）的作用是把正、负极板隔开，防止极板短路。隔板常用材料通常为木质、玻璃、塑料、硬橡胶等。隔板做成一面有沟槽、一面平滑。

（2）铅-锑电池

铅-锑电池可承受深度放电，但因为水耗散大，需要定期维护。安装时，正负极板相互嵌合，之间插入隔板，用极板连接条将所有的正极和所有的负极分别连接，如此组装起来，便形成单格蓄电池。单格电池中负极板的数目比正极

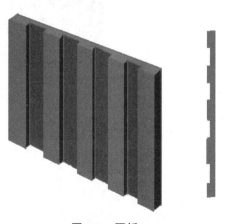

图 2-9 隔板

板多一块。不管单格蓄电池含有几块正极板和负极板，每个单格蓄电池均只能提供 2.1V 左右的电压。极板的数量越多，蓄电池能提供此电压的时间越长。以一个单格电池的正极边连接另一单格电池的负极边的方式依次用链条（由铅锑合金制成）连接，最后留出一组正负极作为蓄电池的正负极，这样，把若干个单格电池串联起来后即构成蓄电池。极板厚度越薄，活性物质的利用率就越高，容量就越高。极板面积越大，同时参与反应的物质就越多，容量就越大。同性极板中心距越小，蓄电池内阻越小，容量越大。为减少尺寸、降低内阻，正负极板应该尽量靠近，但为了避免相互接触而短路，正负极板之间用绝缘的隔板隔开。隔板是多孔性材料，化学性能稳定，有良好的耐酸性和抗氧化性，目前对免维护铅酸蓄电池用的是玻璃纤维纸。

正负极板用铅合金焊接在一起组成，并装于电池槽内组成单体蓄电池。隔板用来隔离正负极板，防止短路。电解液主要由纯水与硫酸组成，配以一些添加剂混合而成。主要作用：一是参与电化学反应，是蓄电池活性物质之一；二是起导电作用，即蓄电池使用时通过电解液中离子迁移，起到导电作用，使电化学反应得以顺利进行。安全阀是蓄电池的关键部件之一，它位于蓄电池顶部，作用首先是密封，当蓄电池内压低于安全阀的闭阀压时安全阀关闭，防止内部气体酸雾往外泄漏，同时也防止空气进入电池造成不良影响；同样，当蓄电池使用过程中内部产生气体气压达到安全阀压时，开阀将压力释放，防止产生电池变形、破裂和蓄电池内氧复合，水分损失等。

（3）碱性蓄电池

碱性蓄电池的基本结构与铅酸蓄电池相同，有极板、隔离物、外壳和电解液。碱性蓄电池按其极板材料，可分为镉镍蓄电池、铁镍蓄电池等。工作原理与铅酸蓄电池相同，只是具体的化学反应不同。碱性蓄电池与铅蓄电池相比，具有体积小、可深放电、耐过充和过放电以及使用寿命长、维护简单等优点。

（4）镍镉电池

镍镉电池以氢氧化镍作为正极的活性物质，以镉和铁的混合物作为负极的活性物质，电解液为氢氧化钾水溶液。相比铅酸电池镍镉电池的优点：比能量高；耐全放电，无须超容量设计；力学性能好；低温性能良好；内阻低，允许大电流输出；允许快速充电；放电过程中电压稳定易于维护。缺点是价格比铅酸电池贵；电池效率低；若电池没有完全放电，则会出现"记忆效应"；镉有毒，使用后需回收。

（5）镍氢电池

与镍镉电池结构及原理均相似，不同的是将镉替换为储氢合金电极。它的主要优点是：与同体积镍镉电池相比，容量高；与镉相比，采用储氢合金电极，没有重金属镉带来的污染问题；具有良好的过充电和过放电性能。

（6）铁镍蓄电池

正极采用活性铁材料的钢丝棉，负极采用带活性镍材料的钢丝棉。它的主要优点是，价格低，使用寿命长。缺点是，电池效率低，水耗高，内阻大，适用温度受限，为 0～40℃。

电解液呈胶态的电池通常称为胶体电池。较常用的胶体蓄电池，是在硫酸电解液中添加胶凝剂，使硫酸液变为胶态。胶体电池的优点是：① 密封结构，电解液凝胶，无渗漏；② 充放电无酸雾、无污染；③ 容量高，与同级铅酸蓄电池相比增加 10%～20% 的容量；④ 自放电小，耐存放；⑤ 过放电恢复性能好，大电流放电容量比铅酸电池增加 30% 以上；⑥ 低温性能好，满足 -30～50℃ 的启动要求；⑦ 高温特性好且稳定，满足 65℃ 甚至更高温度环境的使用要求；⑧ 循环使用寿命长，可达到 800～1500 次充放。

由于铅酸蓄电池等对环境造成的污染越来越严重，市场对大容量及高效率的蓄电池的需求，推动了蓄电池技术的不断发展与进步。硅能蓄电池用液体低碳钢硅盐化成液替代硫酸作为电解质，生产过程不会产生腐蚀性气体，实现了制造过程、使用过程以及废弃物无污染。硅能蓄电池耐高寒高温的特点使它即使在极端恶劣的气候条件下依旧能正常工作，此外，硅能蓄电池的材料特性，使它兼具充电时间短、使用寿命长的特点。

燃料电池（Fuel Cell）是一种将存在于燃料与氧化剂中的化学能直接转化为电能的发电装置。它从外表上看有正负极和电解质等，像一个蓄电池，但实质上它不能"储电"而是一个"发电厂"。燃料电池能量转换效率高，洁净，无污染，噪声低，模块结构性强，比功率高，既可以集中供电，也适合分散供电。燃料电池在数秒钟内就可以从最低功率变换到额定功率。

此外，还有锌银电池、锂电池等。

2.3.3 蓄电池容量和容量设计

蓄电池的容量是指在规定的放电条件下，完全充足电的蓄电池所能放出的电量，用"C"表示。蓄电池的容量是标志蓄电池对外放电能力、衡量蓄电池质量的优劣以及选用蓄电池的最重要指标。蓄电池的容量采用 A·h（安时）来计量，即容量等于放电电流与持续放电时间的乘积。电解液密度增大，电池电动势增大，参加反应的活性物质增多，电池容量增大。但是，电解液密度过高，黏度增大，内阻增强，极板硫化趋势增大，电池容量减小，所以，要选取一个合适的密度。温度对电池也有很大影响，温度下降，黏度增加，电解液渗入极板困难，活性物质利用率低，内阻增加，容量下降。

蓄电池容量设计计算的基本步骤如下。第一步，将每天负载需要的用电量乘以根据客户实际情况确定的自给天数就可以得到初步的蓄电池容量。第二步，将第一步得到的蓄电池容量除以蓄电池的允许最大放电深度。因为不能让蓄电池在自给天数中完全放电，所以需要除以最大放电深度，得到所需要的蓄电池容量。最大放电深度的选择需要参考光伏系统中选择使用的蓄电池的性能参数。通常情况下，如果使用的是深循环型蓄电池，推荐使用 80％放电深度（DOD）；如果使用的是浅循环蓄电池，推荐使用 50％的 DOD。设计蓄电池容量的基本公式为：蓄电池容量＝（自给天数×日平均负载）÷最大放电深度。

　　如果蓄电池的电压达不到要求，可以用串联的方法；如果蓄电池的电流达不到要求，可以用并联的方法。串联蓄电池数＝负载标称电压/蓄电池标称电压，其中，蓄电池的供电电压称为它的标称电压，负载的工作电压称为其标称电压。举例说明：某光伏供电系统电压为 24V，选用标称电压 12V 的蓄电池，则需要蓄电池 2 组串联。该光伏供电系统负载为 20A·h/天，自给天数为 4 天，如果使用低成本的浅循环蓄电池，蓄电池允许的最大放电深度为 50％，那么，蓄电池容量＝4 天×（20A·h/天）÷0.5＝160A·h。如果选用 12V/100A·h 的蓄电池，那么需要该蓄电池 2 串联×2 并联＝4 个。

2.3.4　蓄电池的充电

　　新蓄电池和新修复的蓄电池必须进行初充电，使用中的蓄电池要进行补充充电；为了使蓄电池保持一定的容量和延长寿命，需定期进行过充电和锻炼充电。蓄电池是直流电源，必须用直流电源对其进行充电。充电时，充电电源的正极接蓄电池的正极，充电电源的负极接蓄电池的负极。对新蓄电池或更换极板后的蓄电池进行的初充电的特点是充电电流小，充电时间长，必须彻底充足。在充电过程中，充电电流恒定不变（通过调整电压，保证电流不变）。充电时把同容量的蓄电池串联起来接入充电电源。一般采用两阶段充电法，在第一阶段用较大电流充电，当单格电池电压升到 2.4V，电解液开始产生气泡时，将充电电流减小一半进行第二阶段恒流充电，直到蓄电池完全充足电为止。恒流充电的优点为：充电电流可任意选择，有益于延长蓄电池寿命，可用于初充电和去硫化充电。恒流充电的缺点是充电时间长，且需要经常调整充电电流。

　　蓄电池的充电方式主要有以下几种。

　　① 恒流充电。是一直以恒定不变的电流进行充电，该电流采用控制充电器的方法来实现。这种通过控制充电器来维持电流的方法操作简单、方便，特别适合于由多个蓄电池串联的蓄电池组。要使蓄电池放电慢，容量易于恢复，最好采用这种小电流长时间的充电模式。缺点是：开始充电阶段恒流值比可充值小，在充电后期恒流值又比可充值大；整个充电时间长，析出气体多，对极板冲击大，能耗高，充电效率不超过 65％。一般免维护的蓄电池不宜用此方法。恒流充电有一种变型方式——分段恒流充电。它是把充电后期的电流减小，避免了充电后期电流过大。通常需要根据光伏照明系统的要求和蓄电池的特性来确定充电电流的大小、时间、转换电流的时刻以及充电终止的判断依据等。

　　对铅酸蓄电池的充电刚开始进行恒流充电，充电电源必须采用直流电源。充电开始阶段，端电压迅速上升，孔隙内迅速生成硫酸。稳定上升阶段，端电压缓慢上升至 2.4V 左右，孔隙内生成的硫酸向孔隙外扩散，当硫酸生成的速度与扩散速度达到平衡时，端电压随整个容器内电解液密度变化而缓慢上升。充电末期，电压迅速上升到 2.7V 左右，且稳定不变，充电电流用于电解水，电解液呈沸腾状态。应避免长时间过充电。蓄电池充满电的特征是端电压上升到最大值 2.7V，并在 2～3h 内不再增加。蓄电池内产生大量气泡，即电解液产生"沸腾"现象。

② 恒压充电。它是针对每个单体蓄电池以某一恒定电压进行充电。优点为：充电电流开始很大，充电速度快，充电时间短，充电电流会随着电动势的上升，而逐渐减小到零，使充电自动停止，不必人工调整和照管，充电过程中析气量小，充电时间短，能耗低，充电效率可达 80%。恒压充电的缺点是：充电电流大小不能调整，所以不能保证蓄电池彻底充足电，也不能用于初充电和去硫化充电。恒压充电一般应用在蓄电池组电压较低的场合。

③ 脉冲快速充电。就是以脉冲大电流充电来实现快速充电的方法。具体方法是：先用大电流恒流充电至单池电压到 2.4V，停充 15～25ms；反向脉冲充电，然后，停充 25～40ms，如此循环，直至充足。

④ 智能充电。即最小损耗充电模式，它能够自动跟踪蓄电池可接受的充电电流，使其与蓄电池内部极化电流相一致，而常规的充电技术则不能动态跟踪蓄电池的实际状况及可接受充电电流的大小。智能充电系统由充电器与被充电蓄电池组成二元闭环电路，充电器根据蓄电池的状态确定充电参数，充电电流自始至终处在可接受的充电电流曲线附近，使蓄电池几乎在无气体析出的条件下充电，做到既节约用电又对蓄电池无损伤。智能充电需要知道蓄电池接受充电的电流曲线。

2.3.5　蓄电池的放电

蓄电池开始放电时端电压由 2.14V 迅速下降至 2.1V；极板孔隙内硫酸迅速消耗，电解液密度迅速下降，浓差极化增大，端电压迅速下降。然后，进入相对稳定阶段，端电压由 2.1V 缓慢下降至 1.85V，极板孔隙外向孔隙内扩散的硫酸与孔隙内消耗的硫酸达到动态平衡，端电压缓慢下降。最后，蓄电池的放电进入迅速下降阶段，端电压由 1.85V 迅速下降至 1.75V；电解液密度直线下降。

铅酸电池出厂时虽然做了严格控制的挑选，但使用一定时期以后，电压不均匀性会出现并逐渐变大，充电不能对欠充的进行补充，也不能对过充的限制充入量。因此，在电池组使用中后期，定期、不定期地测定每个电池的开路电压。电压较低的，单独补充充电，使其电压和容量与其他电池一致，尽量使它们的差距减小。

2.3.6　蓄电池的使用和维护

在较冷的环境中，铅酸电池的电解液可能会冻住，结冰温度是电池充电状态的函数。当电池完全放电时，在零下几度电解液就冻住了，而当电池充满电时电解液能耐住零下 50℃ 的低温。在寒冷的天气中，通常是将电池置于电池盒中，并将电池盒埋入地下以保持恒定的温度。镍镉电池在寒冷的天气中不会损坏。任何电池均需要定期维护，即使是密封的"免维护"的电池也应定期检查其接头是否牢固，清洁和无损伤。对于电解液电池电解液应始终保持完全浸没极板的状态，同时电压和标定重量也需要合乎要求。

（1）蓄电池的故障

蓄电池的故障可以分为外部故障和内部故障。外部故障有：外壳裂纹、极柱腐蚀、极柱松动、封胶干裂。内部故障有：极板硫化、活性物质脱落、极板栅架腐蚀、极板短路、自放电、极板拱曲等。

故障一：极板硫化。就是极板上生成一层白色粗晶粒的 $PbSO_4$，在正常充电时不能转化为 PbO_2 和 Pb 的现象。硫化的电池放电时，电压急剧降低，过早降至终止电压，电池容量减小。原因可能是：① 蓄电池长期充电不足或放电后没有及时充电，导致极板上的 $PbSO_4$ 有一部分溶解于电解液中，环境温度越高，溶解度越大。当环境温度降低时，溶解度减小，溶解的 $PbSO_4$ 就会重新析出，在极板上再次结晶，形成硫化。② 长期过量放电或小电流深度放电，使极板深处活性物质的孔隙内生成 $PbSO_4$。③ 新蓄电池初充电不彻底，活性物质未得到充分还原。④ 电解液密度过高、成分不纯，外部气温变化剧烈。

故障二：自放电。是指蓄电池在无负载的状态下，电量自动消失的现象。随着电池使用时间的增长及电池温度的升高，自放电率会增加。对于新的电池自放电率通常小于容量的 5%，但对于旧的、质量不好的电池，自放电率可增至每月 10%～15%。如果充足电的蓄电池在 30 天之内每昼夜容量降低超过 2%，称为故障性自放电。原因可能是：① 电解液不纯，杂质与极板之间以及沉附于极板上的不同杂质之间形成电位差，通过电解液产生局部放电。② 蓄电池长期存放，硫酸下沉，使极板上、下部产生电位差引起自放电。③ 蓄电池溢出的电解液堆积在电池盖的表面，使正、负极柱形成通路。④ 极板活性物质脱落，下部沉积物过多使极板短路。

（2）蓄电池的使用和维护方法

蓄电池的正确使用和维护主要有以下几点：① 检查蓄电池安装是否牢靠，是否会因外界因素而损坏壳体；观察蓄电池外壳表面有无电解液漏出。另外不要将金属物放在蓄电池上，以防短路。② 时常查看极柱和接线头连接得是否可靠。③ 容量一定要设计好，当需要用两个蓄电池串联使用时蓄电池的容量最好相等，不要过放电，否则会影响蓄电池的使用寿命。④ 注意使用温度。蓄电池的容量是指 25℃的数值，一般在 20～30℃使用比较理想。

　　铅酸蓄电池的使用寿命与是否过充电或过放电有很大关系，只要在太阳能光伏电源系统工作过程中保持蓄电池不过充电，也不过放电，就能延长使用寿命。独立太阳电池系统一般是白天太阳电池充电到蓄电池，晚上蓄电池放电工作，这就需要控制器。当太阳光照射的时候，太阳电池组件产生的直流电流对蓄电池进行充电，到一定程度时，过充电压检测比较控制电路和过放电压检测比较控制电路同时对蓄电池端电压进行检测比较。蓄电池逐渐被充满，当其端电压大于预先设定的过充电压值时指示停止充电。蓄电池对负载放电时端电压会逐渐降低，当端电压降低到小于预先设定的过放电压值时，自动切断负载回路，避免蓄电池继续放电，蓄电池又开始充电。

　　大多数电池有酸性或腐蚀性物质，如果操作不当就比较危险甚至危及生命。系统电气元件不能安装在电池附近，铅酸电池的酸性气体会腐蚀和损坏电子元件。任何电池对于人类尤其是儿童，还有动物都是具有危险性的，所以应有经验的人操作，同时，要保持输出端有盖子，因为一个典型的光伏系统在输出端短路时能产生很大的电流，尽管这个电流仅持续几毫秒，但电压越高，危害越大，在12V 电压下，如果电池偶然短路，大电流能引起火灾。

2.3.7　蓄电池的命名方法、型号组成

　　蓄电池名称由单体蓄电池个数、型号、额定容量、电池功能或形状等组成。一个单体蓄电池的标称电压为 2V。不同公司产品的型号的介绍有所不同，但基本型号的含义不变。型号中字母的含义见表 2-1。

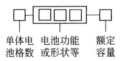

单体电　电池功能　额定
池格数　或形状等　容量

表 2-1　蓄电池型号中字母的含义

代号	汉字	全称
G	固	固定型
F	阀	阀控式
M	密	密封
J	胶	胶体
D	动	动力型
N	内	内燃机车用
T	铁	铁路客车用
D	电	电力机车用

例如：6 - G F M J - 100

六　固阀密胶100A·h
个　定控封体
单　型式
体

2.4　太阳电池组件的容量设计 ◄◄◄◄

太阳电池组件是太阳能发电系统中的核心部分，也是太阳能发电系统中价值最高的部分。它可以将太阳的辐射能转换为电能，或送往蓄电池中存储起来，或推动负载工作；另外，太阳电池作为系统的光控元件，根据太阳能电池两端电压的大小，即可检测出户外的光亮程度，也就是根据太阳能电池电压的大小来判断天黑和天亮等。目前太阳电池主要是晶硅电池，未来还包括薄膜太阳电池。晶硅电池一个标准组件包括 36 片单体，使一个太阳能电池组件大约能产生 17V 的电压。当应用系统需要更高的电压和电流组件时，可把多个组件组成太阳能电池方阵，以获得所需要的电压和电流。

2.4.1　太阳电池组件输出的计算方法

太阳电池组件的输出是指在标准状态下的情况，但在实际使用中，日照等环境条件是不可能和标准状态完全相同的，那么，如何利用太阳电池组件额定输出和气象数据来估算实际情况下太阳电池组件的日输出？通常使用峰值小时数的方法估算太阳电池组件的输出。可以将实际的倾斜面上的太阳辐射转换成等同的标准太阳辐射，$1000W/m^2$ 就是用来标定太阳电池组件功率的标准辐射量，那么某地方平均辐射为 $6.0kW·h/m^2$ 就基本等同于太阳电池组件在标准辐射下照射6h。例如，某个地区倾角为 $40°$ 的斜面上按月平均每天的辐射量为$6.0kW·h/m^2$，可以将其写成 $6.0h×1000W/m^2$。对于一个太阳电池组件，I_{mp}（最佳工作电流）为 5A，那么每天发电的安时数为 $6×5A=30A·h/天$。

上述是使用峰值小时计算方法，此方法存在一定的偏差，原因如下。

① 太阳组件电池输出的温度效应在该方法中被忽略。温度效应对于由较少的电池片串联的太阳电池组件输出的影响就比对于由较多的电池片串联的太阳电池组件的输出影响要大。对于 36 片串联的太阳电池组件比较准确，但对于 33 片串联的太阳电池组件则较差，特别是在高温环境下。对于所有的太阳电池组件，

在寒冷气候的预计会更加准确。

② 在峰值小时方法中，利用了气象数据中测量的总的太阳辐射，实际上，在每天的清晨和黄昏，有一段时间因为辐射很低，太阳电池组件产生的电压太小而无法供给负载使用或者给蓄电池充电，这就将会导致估算偏大。不过，一般情况下，上述误差不影响正常使用。

以上给出的只是容量的基本估算方法，在实际情况中还有很多性能参数会对容量（的设计）产生很大的影响。在进行光伏系统设计时，可以通过专业软件来辅助设计。如果使用得当，能大大减少计算量、节约时间、提高效率和准确度。

2.4.2　独立光伏系统的工作电压

对独立光伏系统的工作电压的选择决定于负载所需的电压和电流。如果系统电压设置成为与最大负载电压相等，则这些负载可直接接到系统的输出端。然而，对于限制电流为100A的系统的任何部分，在任何电源电路中电流应在20A以下，以保证使用安全；使电流低于推荐值就可使用标准的、普通的电气设备和导线。当负载需要交流电源时，直流系统电压应根据逆变器的特性而定。一些基本的规则如下。

① 直流负载电压通常是12V或12V的倍数，如24V、36V、48V等，对直流系统，系统电压应为最大负载所需的电压。大多数直流光伏系统在12V下小于1kW。

② 如果负载需不同的直流电压，选择具有最大电流的电压作为系统电压，对于负载所需电压与系统电压不一致时可用直流-直流转换器来提供所需的电压。

③ 独立光伏系统的绝大多数交流负载在120V下工作。

2.5　控制器

太阳能灯具系统中重要的一环是控制器，其性能直接影响到系统寿命，特别是蓄电池的寿命。系统通过控制器实现系统工作状态的管理、蓄电池剩余容量的管理、蓄电池的 MPPT（最大光伏功率跟踪）充电控制、主电源及备用电源的切换控制以及蓄电池的温度补偿等主要功能。控制器用工业级 MCU（微控制器）作主控制器，通过对环境温度的测量，对蓄电池和太阳能电池组件电压、电流等参数的检测判断，控制 MOSFET 器件（金属氧化物半导体效应管）的开通和关断，达到各种控制和保护功能，并对蓄电池起到过充电保护、过放电保护的作用。在温差较大的地方，合格的控制器还应具备温度补偿的功能。其他附加功能如光控开关、时控开关都应当是控制器的辅助功能。控制器是整个路灯系统中充当管理者的关键部件，它的最大功能是对蓄电池进行全面的管理。好的控制器应当根据蓄电池的特性，设定各个关键参数点，比如蓄电池的过充点、过放点、恢复连接点等。在选择路灯控制器时，特别需要注意控制器恢复连接点参数，由于蓄电池有电压自恢复特性，当蓄电池处于过放电状态时，控制器切断负载，随后蓄电池电压恢复，如果此时控制器各参数点设置不当，则可能出现灯具闪烁不定，缩短蓄电池和光源的寿命。

2.5.1　控制系统

控制系统包括：微机主控线路、充电驱动线路和照明驱动线路。微机主控线路是整个系统的控制核心，控制整个太阳能路灯系统的正常运行。微机主控线路具有测量功能，通过对太阳能电池板电压、蓄电池电压等参数的检测判断，控制相应线路的开通或关断，实现各种控制和保护功能。充电驱动线路由 MOSFET 驱动模块及 MOSFET 组成。MOSFET 驱动模块采用高速光耦隔离，发射极输出，有短路保护和慢速关断功能。选用的 MOSFET 为隔离式、节能型单片机开关电源专用 IC，驱动 LED 的全电压输入范围为 $150 \sim 200V$，输出电流为 $8 \sim 9A$。输入电压范围宽，具有良好的电压调整率和负载调整率，抗干扰能力强，低功耗。系统通过充电驱动线路完成太阳能电池组向蓄电池的充电，电路中还提供了相应的保护措施。照明驱动线路由 IGBT 驱动模块（绝缘栅双极晶体管）及 MOSFET 组成，实现对灯具亮度的调节和控制。

通过编程可以对照明系统进行机动灵活的控制，可在任意时间段内通过 PWM（脉冲宽度调制）方式实现开关控制，比如路灯对前半夜与后半夜的亮度进行控制，控制比例依情况而定；开启单边路灯或者前半夜开灯，后半夜关灯。控制系统可以根据当地的地理位置、气象条件和负载状况做出最优化设计，但是由于季节因素，冬天太阳辐射要比夏天少，太阳电池阵列冬天产生的电量比夏天少，可是冬天需要照明的电量却比夏天多，从而使照明系统的发电量与需电量形成反差，依然难以平衡月发电量盈余和耗电量亏损。为了提高照明系统发电量的利用率，克服系统缺电带来的不足，在太阳能照明系统的发展中，人们不断地对照明系统常用的控制模式进行分析，设计各种实际可行的工作模式，同时光源技术也在不断的更新换代中，蓄电池的充电模式也在不断的研究探索中有效利用率越来越高。

根据太阳能光伏系统的特点，运行要兼顾蓄电池剩余容量的影响。当系统正常开启时，利用蓄电池剩余容量检测方法得到当前蓄电池容量，通过查询后得到蓄电池将要维持的供电时间，然后平均使用蓄电池现有电量，同时根据当晚可使用的蓄电池电量对系统路灯照明方式灵活控制，合理使用蓄电池现有电量。

2.5.2 蓄电池充放电控制

蓄电池充放电控制是整个系统的重要功能，它影响整个太阳能路灯系统的运行效率，还能防止蓄电池组的过充电和过放电。蓄电池的过充电或过放电对其性能和寿命有严重影响。充放电控制功能，按控制方式可分为开关控制（含单路和多路开关控制）型和脉宽调制（PWM）控制（含最大功率跟踪控制）型。开关控制型中的开关器件，可以是继电器，也可以是 MOS（半导体金属氧化物）晶体管。脉宽调制（PWM）控制型只能选用 MOS 晶体管作为其开关器件。在白天晴天的情况下，根据蓄电池的剩余容量，选择相应的占空比方式向蓄电池充电，力求高效充电；夜间根据蓄电池的剩余容量及未来的天气情况，通过调整占空比方式调节灯亮度，以保证均衡合理使用蓄电池。此外系统还具有对蓄电池过充的保护功能，即充电电压高于保护电压时，自动调低蓄电池的充电电压；此后当电压掉至维护电压时，蓄电池进入浮充状态，当低于维护电压后浮充关闭，进入均充状态。当蓄电池电压低于保护电压时，控制器自动关闭负载开关以保护蓄电池不受损坏。通过 PWM 方式充电，既可使太阳能电池板发挥最大功效，又可提高系统的充电效率。

任何一个独立光伏系统都必须有防止反向电流从蓄电池流向阵列的方法。如果控制器没有这项功能的话，就要用到阻塞二极管。阻塞二极管既可在每一并联支路上，又可在阵列与控制器之间的干路上，但是当多条支路并联接成一个大系统时，应在每条支路上用阻塞二极管以防止由于支路故障或遮蔽引起的电流由强电流支路流向弱电流支路的现象。另外，如果有几个电池被遮阴，则它们便不会产生电流且会成为反向偏压，这就意味着被遮电池消耗功率发热，久而久之，形成故障，所以加上旁路二极管起保护作用。

在大多数光伏系统中都用到了控制器以保护蓄电池免于过充或过放。过充可能使电池中的电解液汽化，造成故障，而电池过放会引起电池过早失效。过充过放均有可能损害负载，所以控制器是光伏系统中重要的部件。控制器的功能是依靠电池的充电状态（SOC）来控制系统。当电池快要充满时控制器就会断开部分或全部的阵列；当电池放电低于预设水平时，全部或部分负载就会被断开（此时控制器包含有低压断路功能）。

控制器有两个动作设定点，用以保护电池。每个控制点有一个动作补偿设置点。比如一个 12V 的电池，控制器的阵列断路电压通常设定在 14V，这样当电池电压达到这个值时，控制器就会把阵列断开，一般此时电池电压会迅速降到 13V；控制器的阵列再接通电压通常设在 12.8V，这样当电池电压降到 12.8V 时，控制器动作，把阵列接到电池上继续对电池充电。同样地，当电压达到 11.5V 时，负载被断开，直到电压达到 12.4V 以后才能再接通。有些控制器的这些接通/断电压在一定范围内是可调的，这一性能非常有用，可监控电池的使用。在使用时控制器电压必须与系统的标称电压相一致，且必须能控制光伏阵列产生的最大电流。

控制器的其他特性参数有：效率、温度补偿、反向电流保护、显示表或状态灯、可调设置点（高压断路、高压接通、低压断路、低压接通）、低压报警、最大功率跟踪等。

2.5.3　控制器的类型

在光伏系统中有两类基本的控制器。一类是分路控制器，用以更改或分路电池充电电流。这些控制器带有一个大的散热器以散发由多余电流产生的热量。大多数的分路控制器是为 30A 以下电流的系统设计的。另一类是串联控制器，通过断开光伏阵列来断开充电电流。分路控制器和串联控制器也可分许多类，但总的来说这两类控制器都可设计成单阶段或多阶段工作方式。单阶段控制器是在电压达到最高水平时才断开阵列；而多阶段控制器在电池接近满充电时允许以不同的电流充电，这是一种有效的充电方法。当电池接近满充电状态时，其内阻增加，用小电流充电，这样能减少能量损失。

2.6　太阳电池系统用灯具　◄◄◄

灯具可以用传统的照明灯具，现在新出的超高亮白光 LED 照明光源具有体积小、重量轻、寿命长以及节能环保等优点，特别适用太阳电池照明。超高亮度 LED，由于相同亮度的情况下，比白炽灯省电约 90%，得到了广泛的应用，现已有逐渐替代常规照明灯的趋势。超高亮度 LED 光效达到或超过了 100lm/W。LED 的寿命长达 10 万小时，而白炽灯的寿命一般不超过 2000h，荧光灯的寿命也不过 5000h 左右。与广泛使用的第二代照明荧光灯相比，LED 不含汞、无频闪，是一种环保光源。

LED 灯作为一种新兴光源以其无可比拟的优势正在得到迅速的推广应用，在城市亮化美化、道路照明、庭院照明、室内照明以及其他各领域的照明和应用中得到了有效的利用。LED 还具有光线质量高、基本上无辐射、可靠耐用、维护费用极为低廉等优势，属于典型的绿色照明光源。超高亮度 LED 的研制成功，大大地降低了太阳能灯具使用成本，使之达到或接近工频交流电照明系统初装的成本报价，并且具有保护环境、安装简便、操作安全、经济节能等优点。由于 LED 具有光效率高、发热量低等优势，已经越来越多地应用在照明领域，并呈现出取代传统照明光源的趋势。因为 LED 灯由低压直流供电,可以方便地与太阳电池结合。在我国西部,非主干道太阳能路灯、太阳能庭院灯渐成规模。随着太阳能灯具的大力发展,"绿色照明"必将会成为一种趋势。

LED 是直流供电灯具,其工作原理是:LED 外施电压后在其内部会产生受激电子跃迁光辐射,不同半导体基本材料所产生的光波长是不同的,把不同波长的光合成白光。因为超高亮度 LED 发光管产生的光线方向性太强,综合视觉效果较差,所以,将多个 LED 集中于一起,排列组合成一定规则的 LED 发光源。超高亮白光 LED 发光源既要保证有一定的照射强度,又要使其具有较高的光效,一般综合考虑光通量和光效,找一个最佳工作点。

太阳能灯由多个 LED 灯串联而成,亮度通过 PWM 方式可调,即通过改变流经 LED 的电流,从而调节 LED 灯亮度,电流强度可以从几毫安到 1A,最终使 LED 灯达到预期的亮度。PWM(脉宽调制)信号可由微控制器产生,也可由其他脉冲信号产生。PWM 信号可使通过 LED 灯的电流从 0 变到额定电流,即可使 LED 灯从暗变为正常亮度。PWM 占空比越小(高电平时间长),亮度越高。利用 PWM 控制 LED 的亮度,非常方便和灵活,是最常用的调光方法,PWM 的频率可从几十赫兹到几兆赫兹。PWM 调光是通过控制 MOSFET 晶体管实现的。

2.7 小型独立太阳能电池系统应用

(1)航标灯

航标灯是河流、湖泊、运河、水库等航道的导航设施,主要作用是反映符合航运需要的航道条件,指出经济安全的航道方向和界限,以引导船舶安全迅速地航行。太阳电池航标灯有如下优点:① 使用可靠,维修简单。可经受住多次八级、九级甚至更大的强风的考验。② 灯光亮度稳定,射程得到了保证。减轻了航标工人的劳动强度;使航标管理水平提高,灯光正常率提高。应用太阳电池作为航标灯的电源,在国内外已很普遍,使用效果良好,稳定可靠。

(2)铁路信号灯

铁路信号灯是保证安全正点运行的不可缺少的重要设备之一。铁路信号灯的硅太阳电池电源,工作可靠,性能稳定,使用良好,比较满意地解决了无可靠交流电源的车站铁路信号灯的供电问题。铁路信号灯对确保铁路运输的安全正点和逐渐实现铁路运输的现代化具有很大的意义,它的主要优点是:提高和稳定了信号的显示距离,有利于行车安全。在地形和气象条件都很恶劣的环境下,采用硅太阳电池灯后,供电电压稳定,灯光可靠性强,连续性好,避免了灭灯现象,并且提高显示距离一倍左右。以硅太阳电池作电源，几乎无需什么维护工作，劳动强度大大减轻。太阳电池铁路信号灯系统，由如下部分组成：① 硅太阳电池方阵；② 蓄电池；③ 电源控制器；④ 信号灯具；⑤ 输电线路；⑥ 硅太阳电池方阵托盘，支架及跟踪装置。

（3）电围栏电源

为了发展畜牧业，防止草原退化，用科学的划区轮牧制，代替落后的游牧方式。所谓划区轮牧制就是将大片的草场划分为若干个区，以一定数量的畜群和相等的时间，按区轮流放牧，这样，放牧强度不致过大，因而有利于草场的更新复壮。要"轮牧"就要"划区"，并要用围栏将各轮牧区围起来，围栏内设有饮水点，畜群在栏内平时不用人管，只在转栏时才由牧民将畜群赶到计划中的另一个围栏里去。我国大多数牧区处于边远地带，人烟稀少，远离电网，无交流电源可利用，因此是推广应用太阳电池的广阔天地。采用太阳电池可为农牧业的小型设备解决电源供应问题。

电围栏通过一个高压脉冲发生器把普通电源的电流变成高压主脉冲电流然后送到围栏的铁丝上，当牲畜角触及围栏上的铁丝时，就会受到高压电流的电击，迅速避开，这样受击多次后牲畜就建立起了条件反射，以后就不敢再碰触围栏上的铁丝了。

基本原理示意图如图 2-10 所示。

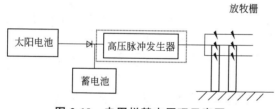

图 2-10　电围栏基本原理示意图

（4）黑光灯电源

害虫是农林业生产的大敌，消灭害虫，保护农作物和森林，是搞好农林业生产的重要措施之一。防止害虫的主要办法，有生物防治、生物防治、物理防治等数种。应用黑光灯防治害虫属物理防治法，它的主要优点有：能消灭大量的有效虫源，诱捕的害虫种类多，数量大，雌虫多，抱卵率高；可减少农药用量，减轻污染，有利于保护天敌；可节省农药费的开支，减少人工，降低成本；对益虫和天敌伤害极少，与生物防治无矛盾。太阳能黑光灯电源由如下五个部分组成：① 太阳电池；② 蓄电池；③ 直流变换器；④ 黑光灯管；⑤ 支架及集虫器。

（5）广播、电视、通信设备电源

在偏僻的山区、分散的海岛、辽阔的草原应用广播、电视、通信设备是非常重要和必需的，对于发展工农业生产、改善人民生活、巩固国防、加强民族团结有很大意义。而这些地区，一般均无交流电源可以利用，因此，这些设备的电源保障，就成为了突出的关键问题。

（6）光伏抽水灌溉系统

我国西藏大部分地区、新疆南部、青海和内蒙古西部干旱少雨，河流稀少，地表水缺乏，地下水埋深 10m 以上，但储量较丰富，且这些地区的太阳能资源丰富，灌溉季节正是太阳峰值期，所以对利用太阳能进行提水灌溉非常有利。光伏抽水系统主要包括三部分：太阳电池，水泵，蓄水和分水系统。光伏抽水灌溉系统示意框图见图 2-11。

图 2-11 光伏抽水灌溉系统示意框图

光伏抽水灌溉系统一般可用于需水量较大的场合，可分散设置或靠近用水地点设置，灌溉设备的参数选择取决于具体地点的太阳辐射、气温、水泵出力，机械技术方面的外界条件等。

（7）太阳电池在阴极保护中的应用

一般埋于地下的天然气或其他的管道在土壤特性类似于电解液的环境中长期浸泡就会产生腐蚀，严重影响其安全性和使用寿命，特别是长距离传输时，由于管道长，维修和检查都比较困难。为防止或减缓管道的腐蚀，在铺设管道的时候，就可以隔一定的距离，安装一个小型的太阳能电池板作为直流电源，它与辅助阳极一起以牺牲阳极的方法来保护阴极的金属管道。所以，对一个几十公里或者更长的金属管道进行分段保护，用太阳能阵列提供直流电压是最有效和经济的方法。

各种条件下使用的金属，一般会受两类腐蚀，即化学腐蚀和电化学腐蚀。化学腐蚀是金属与介质接触发生化学作用时引起的，它的特点是作用进行中没有电流产生；电化学腐蚀是另一类极其广泛的腐蚀，它是由于金属表面与电解质溶液（例如水和土壤）接触时，金属表面上电位不尽相同，有的地方电位高，另一些地方电位低，结果形成腐蚀原电池。因此电化学腐蚀过程可看成由以下三环节组成：

① 在阴极金属溶解变成金属离子进入溶液中，即 $Me \longrightarrow Me^+ + e^-$ （阳极过程）。

② 电子通过金属从阳极流到阴极。

③ 在阴极，流过来的电子被溶液中能吸收电子的物质（D）所接受，即 $e^- + D \longrightarrow [D, e^-]$（阴极过程）。

以上三个环节是互相联系，缺一不可的。如果其中一环节停止进行，则整个腐蚀过程也停止了。电化学腐蚀有电流产生，因此可通过如图 2-12 所示的外加电流法来保护金属管道不受腐蚀。它将直流电源的负极连接到被保护的金属管道上，使被保护的金属整个表面均为阴极，将正极连到难溶的材料如石墨、高硅铁、碳性铁氧体，铅银合金、镀铂的钛等构成的辅助阳极上，当施加的驱动电压高于金属所需的最少的保护电位时，该管道处于电流保护范围内。对于边远的地区，太阳电池作直流源既经济又便利。

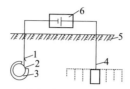

图 2-12　外加电流阴极保护示意图
1—阴极；2—金属管道；3—绝缘层；4—辅助阳极；5—土壤；6—直流电源

习　题

一、填空题

1. 太阳能电池的电压要超过蓄电池的工作电压＿＿＿＿＿＿＿＿＿，才能保证给蓄电池正常供电。蓄电池容量应比负载日耗量高＿＿＿＿＿＿＿＿倍以上为宜。

2. 蓄电池的充电方式主要有＿＿＿＿＿＿＿＿、＿＿＿＿＿＿＿＿、＿＿＿＿＿＿＿和＿＿＿＿＿＿＿＿。

3. 在光伏系统中有两种基本的控制器类型：＿＿＿＿＿＿＿＿和＿＿＿＿＿＿＿＿。

二、名词解释

　　独立太阳电池系统　　逆变器

三、问答题

1. 独立太阳能发电系统主要组成是什么？

2. 蓄电池容量设计计算的基本步骤是什么？

3. 蓄电池的安装的注意事项是什么？

4. 蓄电池的正确使用和维护主要需要注意什么？

5. 举例计算在标准状态下太阳电池组件的输出情况。

6. 一个独立光伏系统怎样做到防止反向电流从蓄电池流向阵列？

第3章
并网型光伏发电系统

与公共电网相连接的太阳能光伏发电系统称为并网型光伏发电系统，也称并网光伏电站。并网型可分为逆潮流系统和非逆潮流系统，逆潮流系统就是电力公司购买剩余电力的制度，非逆潮流系统就是系统内电力需求比太阳能电池提供的电力大，不需要电力公司购买剩余电力的制度。

3.1 并网型光伏发电系统总体设计

并网型光伏发电系统将太阳能电池阵列输出的直流电转化为与电网电压同幅、同频、同相的交流电，并实现与电网连接，向电网输送电能。图 3-1 为一种常用的并网型光伏发电系统结构示意图，该系统包括太阳能电池阵列、DC-DC 变换器、DC-AC 逆变器、交流负载、变压器及在 DC-DC 变换器输出端并联的蓄电池组。蓄电池组可以提高系统供电的可靠性。在日照较强时，光伏发电系统首先满足交流负载用电，然后将多余的电能送入电网；当日照不足时，太阳能电池阵列不能为负载提供足够电能时，可从电网或蓄电池组索取为负载供电。

当然，如果考虑到成本，也可以不连接蓄电池，当光照不足时直接向电网索取为负载供电。

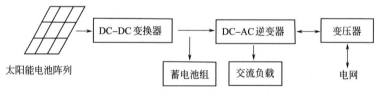

图 3-1　并网型光伏发电系统

并网型交流发电系统与独立系统相比省去了储能设备。

还有一种并网型扩展的混合型发电系统。混合型介于并网型和独立型两者之间。这种系统通常是控制器和逆变器集成一体化，可以使用电脑芯片控制整个系统，达到最佳工作状态。图 3-2 为混合型光伏发电系统，它与以上两个系统的不同之处在于多了一台备用发电机组，当光伏阵列发电不足或蓄电池储量不足时，可以启动备用发电机组，它既可以直接给交流负载供电，又可以经整流器后给蓄电池充电。混合型光伏发电系统主要用于远离电网并要保证供电连续性的用电场合，比如野战医院、科学考察站等。一旦光照不足或遇到阴雨天气，太阳能电池无法工作，且蓄电池存储的电量无法满足需要，发电机组就会代替太阳能电池给系统供应电能。

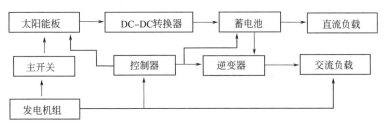

图 3-2 混合型发电系统

不同级别的光伏并网的电压不同,比如 MWp 级以上的并网光伏电站一般需接入 10kV 以上的公共电网,其他的设计大致相同。

下面以 30kWp 并网运行的太阳能发电系统说明并网型光伏发电系统。

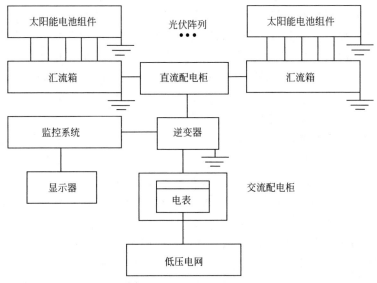

图 3-3 系统电路设计图

图 3-3 所示为该并网系统的电路设计图,由太阳能组件、逆变装置和交直流防雷配电柜组成。光伏组件在光伏效应下将太阳能转换成直流电能,直流电汇流后经防雷配电柜流入并网逆变器,逆变器将其逆变成符合电网电能质量要求的交流电,接入 380V/150Hz 三相交流站用电系统并网发电。在白天由光伏发电给站用电负荷供电,并将多余电量馈入电网;在晚上或阴雨天发电量不足时,由公共电网给站用电负荷供电。该光伏并网发电系统配置一套以太网通信接口的本地监控装置,并通过接口将系统的工作状态和运行数据提供给无人值班站的综合自动化系统,实现远程集控站监测。

3.2 并网系统电路组成 ◀◀◀

3.2.1 光伏组件（方阵）

具有封装及内部连接的，能单独提供直流电的输出，最小不可分割的太阳电池组合装置，又称为光伏组件。由若干个太阳电池组件或太阳电池板在机械和电气上按一定方式组装在一起并且有固定的支撑结构而构成的直流发电单元，又称为光伏方阵，地基、太阳跟踪器、温度控制器等类似的部件不包括在方阵中。下面仍以30kWp并网光伏发电电站为例进行说明。系统可以采用大功率单晶硅太阳能电池组件，每个组件功率为180Wp，工作电压为35.4V，共配置168个，实际总功率为30.24kWp。整个发电系统采用8个组件串联为一单元，总共21支路并联，输入4个汇流箱，其中3个汇流箱每个接5路输入，另一个汇流箱接6路输入。所谓汇流箱是指，在太阳能光伏发电系统中，将一定数量、规格相同的光伏组件串联起来，组成一个个光伏串列，然后再将若干个光伏串列并联汇流后接入的装置。汇流后电缆经过电缆沟进入主控室交直流配电柜，通过交直流配电柜直流单元接入并网逆变器，最后由并网逆变器逆变输出，经交直流配电柜交流单元接至380V三相低压电网。

光伏阵列如果有几个电池被遮阴，则它们便不会产生电流且会成为反向偏压，电池消耗功率发热，久而久之，形成故障。但是有些偶然的遮挡是不可避免的，所以需要用旁路二极管来起保护作用。如果所有的组件是并联的，就不需要旁路二极管，即如果要求阵列输出电压为12V，而每个组件的输出恰为12V，则不需要对每个组件加旁路二极管，如果要求24V阵列（或者更高），那么必须有2个（或者更多的）组件串联，这时就需要加上旁路二极管，如图3-4所示。任何一个独立光伏系统都必须有防止从蓄电池流向阵列的反向电流的方法或有保护或失效的单元的方法，如果控制器没有这项功能的话，就要用到阻塞二极管，如图3-5所示的阻塞二极管既可在每一并联支路，又可在阵列与控制器之间的干路上，但是当多条支路并联接成一个大系统时，应在每条支路上用阻塞二极管以防止由于支路故障或遮蔽引起的电流由强电流支路流向弱电流支路的现象。在小系统中，在干路上用一个阻塞二极管就够了，不要两种都用，因为每个二极管会降压0.4~0.7V，是一个12V系统的6%，这也是一个不小的比例。

在光伏发电系统设计中，光伏组件方阵的放置形式和放置角度对光伏系统接受的太阳辐射有很大影响，从而影响到光伏发电系统的发电能力。与光伏组件方

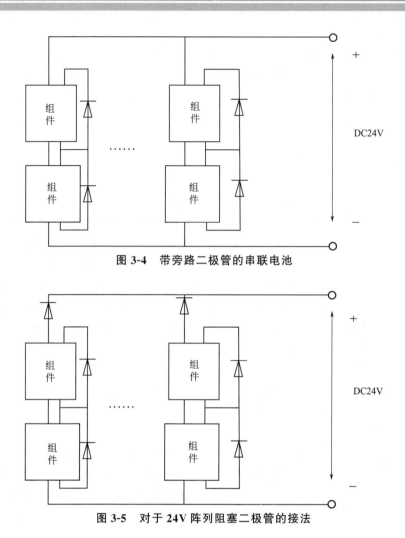

图 3-4　带旁路二极管的串联电池

图 3-5　对于 24V 阵列阻塞二极管的接法

阵放置相关的参数是太阳电池组件倾角和太阳电池组件方位角。

　　太阳电池组件倾角是太阳电池组件平面与水平面的夹角。光伏组件方阵的方位角是方阵的垂直面与正南面的夹角（向东偏设定为负角度，向西偏设定为正角度）。至于如何选择最佳倾角，需要对其倾角的选择的连续性、均匀性和极大性，进行综合考虑。

　　在地平坐标系中，通过南点、北点的地平经圈称子午圈。子午圈被天顶、天底等分为两个 180°的半圆。以北点为中点的半个圆弧，称为子圈，以南点为中点的半个圆弧，称为午圈。在地平坐标系中，午圈所起的作用相当于本初子午线在地理坐标系中的作用，是地平经度（方位）度量的起始面。

　　方位即地平经度，是一种两面角，即午圈所在的平面与通过天体所在的地平经圈平面的夹角，以午圈所在的平面为起始面，按顺时针方向度量。方位的度量亦可在地平圈上进行，以南点为起算点，由南点开始按顺时针方向计量，方位的

大小变化范围为 $0°\sim360°$。

为了方便，一般选择比较近似的方法来确定倾角。一般而言，我国南方地区，方阵倾角可比当地纬度高 $10°\sim15°$，北方地区倾角比当地纬度增加 $5°\sim10°$。如河南安阳的经纬度是：东经 $113°37'\sim114°58'$、北纬 $35°12'\sim36°22'$ 之间。选纬度 $36°$，其太阳电池方阵倾角 $Q=36°+10°=46°$。

3.2.2　太阳电池组件支架

（1）支架的作用和分类

太阳电池组件的发电效率，与时间、日照的强度以及电池组件的摆放位置和倾斜的角度有直接的关系，其支架系统的设计在施工和采光发电过程中也起着不可或缺的作用。成本低廉，维护简单易行，安装可靠，如能承受雨水腐蚀、大气腐蚀、风压载荷、积雪的载荷等各种载荷的冲击等，这是太阳能光伏发电的必要条件。

根据不同形式的太阳能光伏发电的要求，支架系统可分为追踪系统系列支架、矩阵太阳能支架、单立柱太阳能支架、双立柱太阳能支架、墙体太阳能支架、屋顶太阳能支架等不同的规格型号，或者可按照不同的安装方式分为屋顶安装系统、地面安装系统及建筑节能一体化支架的安装系统。

目前普遍使用的太阳能光伏支架系统从材质上分有钢支架、铝合金支架和混凝土支架等三种类型。铝合金支架通常应用在民用建筑的屋顶太阳能上，具有美观耐用、耐腐蚀、质量轻的特点，但因其承载力较低，无法用在太阳能电站的项目上。混凝土支架主要用在大型的光伏电站，因其重大，只能放在野外，而且是基础较好的地区，由于其稳定性强，可以支撑尺寸巨大的电池板。钢支架（图3-6）的性能稳定，制造的工艺成熟，承载能力较高，防腐性能优良，有着外形美观独特的连接设计，而且安装简便快速，采用结构防腐材料的钢制及不锈钢零部件，使用寿命在 20 年以上。

图3-6　钢支架

（2）支架强度的设计

在支架设计时，为了支架能达到所承受的载荷，需要确定使用何种材料以及使用多少，再据此计算强度。支架强度主要根据固定载荷决定，组件质量 G，包括边框质量 G_M、框架自重 G_{K1} ＋和其他质量 G_{K2}，即固定载荷 $G = G_M + G_{K1} + G_{K2}$。

① 风压的载荷受力情况分析及参数选择。

风压载荷 W 指加在组件上的风压力和加在支撑物上的风压力的总和。

作用于阵列的风压载荷公式：

$$W = \frac{1}{2} C_w \sigma v_0^2 S a I J$$

式中，W 为风压载荷；C_w 为风力系数；σ 为空气密度的风速，$N \cdot s^2 / m^4$；v 为风速的基准，m/s；S 为受风面积，m^2；a 为高度补偿因子；I 为用途因子；J 为环境因子。

其中，高度补偿因子随着高度的不同，速度压力也不同，因此要对高度不同导致的不同风压进行修正。高度补偿因子由式 $a = (h/h_0)^{1/n}$ 算出。式中，a 为高度补偿因子；h 为阵列到地面高度；h_0 为基准高度10m；n 为由于高度递增的变化程度，标准是5。用途因子一般取值为1.0，具体取值见表3-1。环境因子一般取值为1.0，具体取值见表3-2。风力系数取值见表3-3。

表 3-1　用途因子取值

用途因子	建设地点周边地形情况
1.15	① 非常重要太阳能光伏发电系统等极
1.0	② 普通重要太阳能光伏发电系统等级
0.85	③ 临时修建或者①以外的系统，且太阳能发电系统阵列高出地面2m以下场合

表 3-2　环境因子取值

用途因子	建设地点周边地形情况
1.15	基本没有障碍户的平坦地形，如海面、广阔平地等
0.9	分布较为平坦的地形，如低层建筑物、树木等
0.7	中层建筑物（4～9层）的分布地形，或密集的低层建筑物、树木等

不同的安装形态的场合，对应采用相应的因子。

② 积雪的载荷受力情况分析及参数选择。积雪的载荷计算：

$$S = C_s P Z_s A_s$$

式中，S 为积雪的载荷；C_s 为坡度因子，取值见表3-4；P 为积雪平均单位重量，相当于积雪在1cm厚度时的重量，N/m^2，一般的区域为19.6N/m^2 以上，多雪的区域为 29.4N/m^2 以上；Z_s 为积雪的垂直最深深度，cm；A_s 为积雪的总面积。

表 3-3　风力系数取值

安装形态	风力系数			备注
	顺风		逆风	
地面安装型（单独）				支架为数个的场合,周围端部的风力系数取左边值,中央部分的风力系数取左边值的 1/2 最好。在左边没有标注的角度由下式求得： （正压）$0.65+0.009\varphi$； （负压）$0.71+0.016\varphi$
	正压	φ	负压	
	0.79	15°	0.94	
	0.87	30°	1.18	
	1.06	45°	1.43	
屋顶安装型				
	正压	φ	负压	
	0.75	12°	0.45	
	0.61	20°	0.40	
	0.49	27°	0.08	

表 3-4　坡度因子取值

坡度	<30°	30°~40°	40°~50°	50°~60°	>60°
坡度因子 C_s	1	0.75	0.5	0.25	0

光伏支架的底座安装目前比较常用的主要有 2 种方式，一种是混凝土基础，一种是采用地桩基础。出于建设成本和当地的地理环境的考虑，目前国内大型光伏电站采用的多是混凝土基础。国外采用比较多的是地桩基础，比如意大利、德国、澳大利亚等国家，他们出于对土地再利用的考虑，经济成本适当放宽。

地面矩阵，技术方面要注意两个方面：一是支架的抗风要求，二是支架矩阵之间的距离。在保证抗风的情况下，支架采用钢结构和铝合金混合使用，这样做既能保证支架的抗风，又能保证支架的整体外观。

3.2.3　光伏并网逆变器

逆变器用于光伏电站内将直流电变换成交流电的设备。并网系统对逆变器部分提出了更高的要求。

① 逆变输出为正弦波，高次谐波和直流分量足够小，不会对电网形成谐波污染。

② 逆变器在负载和日照变化幅度较大的情况下均能高效运行，即要求逆变器具有最大功率跟踪（MPPT）功能，无论日照和温度如何变化，都能自动调节，实现最大功率输出。

③ 具有先进的防孤岛运行保护功能，即电网失电时该系统自动从电网中切除，防止单独供电对运行检修维护人员造成危害。

④ 具有自动并网及解列功能。当早晨太阳升起日照达到发电输出功率要求时，自动投入电网发电运行，当日落输出功率不足时，自动从电网中解列。

⑤ 具有输出电压自动调节功能。并网逆潮流上送时，随并网点电压的变化随时调整电压和上送功率。

⑥ 具有完备的并网保护功能。当系统侧或逆变器侧发生异常时，迅速切除发电系统，即具备过电压和欠电压保护，过频率和欠频率保护等，满足无人值班远程监测的要求。并网逆变器的电路结构如图 3-7 所示，通过三相全桥逆变器，将光伏阵列的直流电压变换为高频的三相交流电压，经滤波器滤波变成正弦波电压，并通过三相变压器隔离升压后并入电网发电。

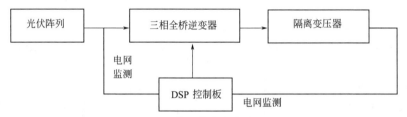

图 3-7　并网逆变器电路结构

光伏并网逆变器可以采用 DSP 控制芯片，运用电流控制型 PWM 有源逆变技术，宽直流输入电压范围为 220～450V；系统中的并网逆变器不断检测光伏阵列是否有足够的能量并网发电。当达到并网发电条件，即阵列电压大于 240V 维持 1min 时，逆变电源从待机模式转入并网发电模式，将光伏阵列的直流电变换为交流电并入电网。同时在该模式下逆变电源一直以 MPPT 方式使光伏阵列输出的能量最大，有效提高了系统对太阳能的利用率。当太阳辐射很弱，即阵列电压小于 200V 或到夜晚时，光伏阵列没有足够的能量发电，逆变器自动断开与电网连接。

3.2.4　光伏系统防雷设计

（1）雷电的成因及危害

雷电是一种常见的大气放电现象。云层的不同部位聚集着大量的正电荷或者负电荷，当云层里的正电荷或者负电荷越积越多，达到一定强度时，就会把空气击穿，打开一条狭窄的通道强行放电。由于雷电释放的能量相当大，它所产生的强大电流、灼热的高温、强烈的冲击波、剧变的静电场和强烈的电磁辐射等给人们带来了很多危害。当雷电直击建筑物时，强大的电流使建筑物受热汽化膨胀，导致建筑物燃烧或者爆炸。当雷击中接闪器，电流沿引下线向大地泄放时，将会造成火灾或人身伤亡。感应雷破坏也称二次破坏。感应雷分为静电感应雷和电磁感应雷两种，由于雷电流变化梯度很大，会产生强大的交变磁场，使得周围的金属构件产生感应电流。这种电流可能向周围物体放电，如附近有可燃物就会引发火灾和爆炸，而感应到正在联机的导线上，就会对设备产生强烈的破坏性。

（2）太阳能光伏发电系统的防雷和设计要求

① 太阳能光伏发电系统或发电站建设地址选择时，要尽量避免容易遭受雷击的位置和场所。

② 尽量避免避雷针的投影落在太阳能电池组件上。

③ 根据现场状况，可采用避雷针、避雷带和避雷网等不同的防护措施对直接雷防护，减少雷击概率，并应尽量采用多根均匀布置的引下线引入地下。多根引下线的分流作用可降低引下线的引线降压，减少侧击危险，并使引下线泄流产生的磁场强度减少。

④ 为防止雷电感应，要将整个光伏系统的所有金属物，包括电池组件外框、设备、机箱机柜外壳、金属管线等与联合接地体等电位连接，并做到可独自接地。

⑤ 在系统回路上逐级加装防雷器件，实行多级保护，使雷击或开关浪涌电流经过多级防雷器件泄流。一般在光伏发电系统直流线路部分采用直流电源防雷器，在逆变后的交流线路部分，使用交流电防雷器。

3.3 大型光伏并网系统的施工组织 ◀◀◀

3.3.1 准备和计划

（1）人员和设备准备

设计完成后就可以开始组织施工了。首先成立项目部，并成立以项目经理为组长的各个施工小队，以技术人员和施工队长、测量小分队为成员的先遣组，对施工现场做进一步的调查，编制"实施性的施工组织设计"，制订施工方案和设备、人员、材料需用量计划，需要外购的材料、设备同有关厂商签订采购合同。

完成生活设营及施工辅助设施等重点工程的布设，修筑便道、搭设便桥和平台、全线贯通复测、原材料鉴定及配合比选用等前期工程施工准备工作，确保达到开工条件，使工程按时开工。根据需要成立监理公司，在项目部的管理下进行工作，履行监理合同项中工程建设的进度、质量、安全、造价的监督管理的职责。

按照计划组织设备、人员逐步进场，根据施工组织设计，初步考虑施工队伍分批进场：首先为路基开挖、填筑、固定支架基础施工和机械操作手等人员，进行前期准备工作；然后是组件支架、组件、汇流箱、电缆和电气等安装施工人员。施工机械设备，比如挖掘机、推土机、打桩机、压路机等不便上路行驶的设备，可以用其他车辆直接运往工地，其他便于上路的设备直接从公司运往工地。

（2）施工水电等条件准备

光伏电站施工用水由建筑施工用水、施工机械用水、生活用水等组成。水源可以从附近引入，也可以打井解决。施工用水的管理、运行和维护由工程项目部项目经理部委托施工小组按其规划统一负责。各小组取水前在支管上安装水表，各施工承包商应服从用水的统一规划，按时交纳水费。施工中应合理调配施工用水，避免施工高峰用水量集中，同时施工中应注意节约用水，避免长流水。

用电从附近出线，配变电工程在光伏电站设计位置建造 1 个适当功率配电台区，施工线路采用电缆埋地敷设。工程所需的主要材料为砂石料、水泥、钢材、木材、油料和火工材料等，可根据情况就近购买。

（3）具体施工计划

施工原则要求：先地下、后地上，先深后浅。施工顺序及施工排水：根据总的部署原则，先施工地下工程，后地上工程。

施工总平面布置按以下基本原则进行：①施工场地、临建设施布置应当紧凑合理，符合工艺流程，方便施工，保证运输方便，尽量减少二次搬运，充分考虑各阶段的施工过程，做到前后照应，左右兼顾，以达到合理用地、节约用地的目的。②路通为先。首先开通光伏电站通向外界的主干路，然后按工程建设的次序，修建电站的厂内道路。③施工机械布置合理，施工用电充分考虑其负荷能力，合理确定其服务范围，做到既满足施工需要，又不产生机械的浪费。④总平面布置尽可能做到永久、临时相结合，节约投资，降低造价。⑤分区划片。按以点带面、由近及远的原则将整个光伏电站划分为生产综合区、光伏发电区；将光伏发电区再分成两批进行安装、调试、投运。这样既可以提高施工效率，也可以保障光伏电站分批提前投入商业运行。施工期间产生的废水要求施工单位就地修建废水集中池，待沉淀后才可外排，同时要求施工单位现场设置流动卫生间，避免生活污水外排。

根据光伏电站的总体布局，场内道路应紧靠光伏电池组件旁边通过，以满足设备一次运输到位、支架及光伏电池组件安装需要。电站内运输按指定线路将大件设备逆变器、变压器、高压开关柜等均按指定地点一次到位，尽量减少二次转运。

根据施工总平面设计及各分阶段布置，以充分保证阶段性施工重点，保证进度计划的顺利实施为目的，在工程实施前，制订详细的大型机具使用、进退场计划，主材及周转料生产、加工、堆放、运输计划，以及各工种施工队伍进退调整计划，布设网络计划，以确保工程进度。对施工平面实行科学、文明管理。

根据工程计划的实施调整情况，分阶段发布实施计划，包含采用周期计划表、负责人、执行标准、奖惩标准等。在执行中，根据各分项进场与作业计划，利用工地例会和工程调度会，充分协调、协商，及时发布计划调整书，并定期进行检查监督。

施工方案合理与否，将直接影响到工程施工的安全、质量、工期和费用。从工程的实际情况出发，结合自身特点，用科学的方法，综合分析、比较各种因素，制订科学、合理、经济的施工方案。

3.3.2 土建施工

电站场地平整及土方施工执行《建筑地基基础工程施工质量验收规范》GB 50202—2002 的有关规定。土石方工程主要包括综合楼升压站的场平挖填方、场区道路土石方等。在施工前应详细了解工程地质结构、地形地貌和水文地质情况，对不良地质地段采取有效的预防性保护措施。根据施工用地范围，按指定地点堆放废弃渣。

在每项单位工程开工前按施工图纸和本技术条款的规定，报送有关人员审批，主要包括：①开挖施工平面和剖面布置图；②施工设备配置和劳动力安排；③出渣、弃渣措施；④质量与安全保证措施；⑤排水措施；⑥施工进度计划。

（1）土方开挖要求

所有开挖作业均符合设计图纸和有关规范的要求。开挖的风化岩块、坡积物、残积物应按施工图纸要求开挖清理，并在填筑前完成，禁止边填筑边开挖。清除出的废料，全部运出基础范围以外，堆放在指定的场地。必须注意对图纸未示出的地下管道、缆线、文物古迹和其他结构物的保护。开挖中一旦发现上述结构物立即报告、停止作业并保护现场听候处理。土石方开挖工程完工后，按本合同规定提交以下完工验收资料：①开挖工程竣工图；②质量检查报告；③监理人要求提供的其他资料。

（2）混凝土工程准备

混凝土主要用于支架基础和升压站，虽然总量较大，但单位时间内的需求量较小，可采用小型混凝土搅拌机搅拌的方式进行。在混凝土结构施工时要根据结构特点，采用暖棚法或蓄热法来保证混凝土不同季节施工的质量。

混凝土施工包括：①骨料的提供、运输以及试验检验所需的全部设备和辅助设施。②进行各种混凝土的配合比设计，混凝土的拌合、运输、浇筑、抹面、养护、维修和取样检验等全部混凝土施工作业，以及浇筑混凝土所需原材料的采购、运输、验收和保管。③提供模板的材料以及进行工程所需模板的设计、制作、安装、维修和拆除。④提供钢筋混凝土结构的钢筋及其制作、运输和施工。⑤提供混凝土温度控制和表面保护所需的材料和有关设备的采购、供应、制作、安装。

（3）模板

模板施工包括：①模板的材料供应、设计、制作、运输、安装和拆除等全部模板作业。模板的设计、制作和安装应保证模板结构有足够的强度和刚度，能承受混凝土浇筑和振捣的侧向压力和振动力，防止产生移位，确保混凝土结构外形尺寸准确，并应有足够的密封性，以避免漏浆。②在模板加工前按施工图纸要求，提交一份包括本工程各种类型模板的材料品种和规格，模板的结构设计以及混凝土浇筑模板的制作、安装和拆除等的模板设计和施工措施文件，报送审批。

工程模板一般采用钢模板；支架材料优先选用钢材、钢筋混凝土或混凝土等材料。模板材料的质量符合现行的国家标准和行业标准。木材的质量应达到Ⅲ等以上的材质标准，腐朽、严重扭曲或脆性的木材严禁使用。钢模面板厚不小于3mm，钢板面应尽可能光滑，不允许有凹坑、皱折或其他表面缺陷。

模板的制作满足施工图纸要求的建筑物结构外形，其制作允许偏差不超过规范规定。按施工图纸进行模板安装的测量放样，在安装过程中，设置足够的临时固定设施，以防变形和倾覆。

钢模板在每次使用前应清洗干净。为防锈和拆模方便，钢模面板应涂刷矿物油类的防锈保护涂料，不得采用污染混凝土的油剂，不得影响混凝土或钢筋混凝土的质量。若检查发现在已浇的混凝土面上沾染有污迹，应采取有效措施予以清除。木模板面应采用贴镀锌铁皮或其他隔层。在混凝土强度达到其表面及棱角不因拆模而损伤时，方可拆除。

（4）钢筋材料

钢筋材料施工包括：①钢筋材料的采购、运输、验收和保管，并按合同规定，对钢筋进行进厂材质检验和验点入库，监理人认为有必要时，通知监理人参加检验和验点工作。②钢筋作业包括钢筋、钢筋网和钢筋骨架等的制作加工、绑焊、安装和预理工作。③若采用其他种类的钢筋替代施工图纸中规定的钢筋，应将钢筋的替代报告报送审批。

钢筋的材质要求：①钢筋混凝土结构用的钢筋种类、钢号、直径等均符合有关设计文件的规定。热轧钢筋的性能必须符合现行行业标准的要求。②每批钢筋均附有产品质量证明书及出厂检验单，使用前，分批进行以下钢筋力学性能试验。根据厂家提供的钢筋质量证明书，检查每批钢筋的外表质量，并测量每批钢筋的代表直径。在每批钢筋中，选取表面检查和尺寸测量合格的两根钢筋分别进行拉力试验和冷弯试验。③需要焊接的钢筋做好焊接工艺试验。

钢筋的加工和安装要求：①钢筋的表面保证洁净无损伤，油漆污染和铁锈等在使用前清除干净。带有颗粒状或片状老锈的钢筋不得使用。②钢筋应平直，无局部弯折，钢筋的调直应遵守以下规定：采用冷拉方法调直钢筋时，Ⅰ级钢筋的冷拉率不宜大于 2%；Ⅱ、Ⅲ级钢筋的冷拉率不宜大于 1%。钢筋在调直机上调直后，其表面不得有明显擦伤，抗拉强度不得低于施工图纸的要求。③钢筋加工的尺寸符合施工图纸的要求，钢筋的弯钩弯折加工符合规范的规定。④钢筋焊接和钢筋绑扎按规范规定，以及施工图纸的要求执行。

（5）混凝土施工

在混凝土浇筑前，提交一份混凝土工程的施工措施计划，其内容包括：水泥、钢筋、骨料和模板的供应计划以及混凝土浇筑程序图和施工进度计划等。混凝土浇筑程序图应按施工图纸要求，详细编制各工程部位的混凝土浇筑以及钢筋绑焊、预埋件安装等的施工方法和程序。在施工过程中，及时向监理人提供混凝土工程的详细施工记录和报表，其内容应包括：各种原材料的品种和质量检验成果；混凝土的配合比；混凝土的保温、养护和表面保护的作业记录；浇筑时的气温、混凝土出机口和浇筑点的浇筑温度；模板作业记录和各部件拆模日期；钢筋作业记录和各构件及块体实际钢筋用量；混凝土试件的试验成果；混凝土质量检验记录和质量事故处理记录等。

混凝土材料要严格把关。水泥符合现行行业标准的规定。每批水泥出厂前，对制造厂水泥的品质进行检查复验，每批水泥发货时附有出厂合格证和复检资料。每批水泥运至工地后，监理人有权对水泥进行查库和抽样检测。水泥运输过程中注意其品种和标号不得混杂，采取有效措施防止水泥受潮。到货的水泥按不同品种、标号、出厂批号，袋装或散装等，分别储放在专用的仓库或储罐中，防止因储存不当引起水泥变质。

水的使用。凡适宜饮用的水均可使用，未经处理的工业废水不得使用。当采用饮用水时，水质应符合现行行业标准的规定。拌合用水所含物质不应影响混凝土和易性和强度的增长，以及引起钢筋和混凝土的腐蚀。

骨料。粗细骨料的质量符合现行行业标准的规定，根据本地实际情况，基础骨料选用规格石。不同粒径的骨料分别堆存，严禁相互混杂和混入泥土；装卸时，避免造成骨料的严重破碎。对含有活性成分的骨料必须进行专门试验论证。

外加剂。根据混凝土的性能要求，结合混凝土配合比的选择，通过试验确定外加剂的掺量，其试验成果应报送监理人。用于混凝土中的外加剂，其质量及应用技术符合现行国家标准《混凝土外加剂》GB 8076—2008、《混凝土外加剂应用技术规范》GB 50119—2013 以及有关环境保护的规定。

配合比。混凝土配合比必须通过试验选定，试验依据国家现行标准《普通混凝土配合比设计规程》JGJ 55—2011 的有关规定。混凝土配合比试验前，将各种配合比试验的配料及其拌合、制模和养护等的配合比试验计划报送监理人。

混凝土取样试验。在混凝土浇筑过程中，按《混凝土结构工程施工质量验收规范》GB 50204—2015 的相关规定和监理人指示，在现场进行混凝土取样试验，并提交以下资料：①选用材料及其产品质量证明书；②试件的配料、拌合和试件的外形尺寸；③试件的制作和养护说明；④试验成果及其说明；⑤各种龄期混凝土的容重，抗压强度，抗拉强度，极限拉伸值，弹性模量，泊松比，坍落度和初凝、终凝时间等试验资料。

拌合。拌制现场浇筑混凝土时，严格遵守经批准的混凝土配料单进行配料，严禁擅自更改配料单。除合同另有规定外，采用固定拌合设备，设备生产率应满足本工程高峰浇筑强度的要求，所有的称量、指示、记录及控制设备都应有防尘措施，设备称量应准确，其称量偏差不应超过《混凝土结构工程施工质量验收规范》GB 50204—2015 的有关规定，按指示定期校核称量设备的精度。拌合设备安装完毕后，会同监理人进行设备运行操作检验。混凝土拌合符合《混凝土结构工程施工质量验收规范》GB 50204—2015 的有关规定，拌合程序和时间均应通过试验确定。

运输。混凝土出拌合机后，应迅速运达浇筑地点，运输时间不应超过45min，运输中不应有分离、漏浆、严重泌水及过多降低坍落度等现象。混凝土入仓时，应防止离析。

浇筑。混凝土开始浇筑前 8h，隐蔽工程为 12h，必须通知监理人对浇筑部位的准备工作进行检查，检查内容包括：地基处理，已浇筑混凝土面的清理以及模板、钢筋、预埋件等设施的埋设和安装等；经检验合格后，方可进行混凝土浇筑。混凝土开始浇筑前，应将该部位的混凝土浇筑的配料单提交审核同意后，方可进行混凝土浇筑。

基础面混凝土浇筑。建筑物建基面必须验收合格后，方可进行混凝土浇筑工作。在软基上立模绑扎钢筋前应处理好地基临时保护层，必要时按施工图纸要求浇筑与底板同强度等级的混凝土封底；在软基上进行操作时，应力求避免破坏或扰动原状土壤，必要时按施工图纸要求浇筑底板同标号混凝土封底。混凝土浇筑应采用泵车打压送入方式进行。混凝土的浇筑连续进行、一次成型，混凝土振捣密实。

养护。混凝土浇筑完毕后，应及时洒水养护，以保持混凝土表面经常湿润。混凝土表面的养护一般应在混凝土浇筑完后 12～18h 内即开始，但在炎热、干燥气候情况下应提前养护。在低温季节和气温骤降季节，应进行早期表面养护。混凝土养护时间不应小于 14 天，在干燥、炎热气候条件下，养护时间不应少于 28天。混凝土的养护工作应有专人负责，并应做好养护记录。

预埋件。在浇筑混凝土前 7 天，根据结构体形图和各项预埋件图，绘制所列项目预埋件的埋设一览表，报送审批。按规定的内容，提交预埋件验收资料。预埋件位置与设计图纸偏差不应超过±5mm，外露的金属预埋件应进行防腐防锈处理。在同一支架基础混凝土浇筑时，混凝土浇筑间歇时间不宜超过 2h；若超过 2h，则应按照施工缝处理。顶部预埋件与钢支架支腿的焊接前，基础混凝土养护应达到 100％强度。

如果是静压桩式基础的施工应符合下列规定：①就位的桩应保持竖直，使千斤顶、桩节及压桩孔轴线重合，不应偏心加压。静压预制桩的桩头应安装钢桩帽。②压桩过程中应检查压力、桩垂直度及压入深度，桩位平面偏差不得超过±10mm，桩节垂直度偏差不得大于1%的桩节长。③压桩应该连续进行，同一根桩中间间歇不宜超过30min。压桩速度一般不宜超过2m/min。

砌体工程。提交包括下列内容的施工措施计划：施工平面布置图；砌体工程施工方法和程序；施工设备的配置；场地排水措施；质量和安全保证措施；施工进度计划；砌体石料的材料试验报告；质量检查记录和报表。

在砌体工程砌筑过程中，承包人应按监理人指示提交施工质量检查记录和报表。完工验收时应提交以下完工资料：砌体工程竣工图；砌体材料试验报告；砌体工程基础的地质测绘资料；砌体工程的砌筑质量报告；监理人要求提交的其他完工资料。

材料要求。砖的品种、强度等级符合设计要求，并有出厂合格证、试验单。胶凝材料的配合比满足施工图纸规定的强度和施工和易性要求。拌制胶凝材料，严格按试验确定的配料单进行配料，严禁擅自更改，配料的称量允许误差应符合下列规定：水泥为±2%；砂、砾石为±3%；水、外加剂为±1%。胶凝材料拌合过程中保持粗、细骨料含水率的稳定性，根据骨料含水量的变化情况，随时调整用水量，以保证水灰比的准确性。胶凝材料拌合：机械拌合不少于2～3min；人工拌合至少干拌三遍，再湿拌至色泽均匀，方可使用。胶凝材料随拌随用。

支架基础施工流程。支架基础采用微孔灌注桩。施工顺序：定位→钢筋笼加工→微孔成孔→下钢筋笼→浇筑混凝土→养护。支架安装施工流程：支架采用钢结构，采用工厂化生产，运至施工现场进行安装，现场仅进行少量钢构件的加工，支架均采用螺栓连接。

3.3.3 特殊条件的施工

施工时尽量避开暴雨、高温和低温等天气，如果一定要施工须采取特殊措施。

(1) 暴雨季节施工措施

现场总平面布置，应考虑生产、生活临建设施，施工现场，基础等排水措施；做好施工现场排水防洪准备工作，加强排水设施的管理，经常疏通排水沟，防止堵塞；现场规划施工时，统筹考虑场地排水，道路两侧设明排水沟；做好道路维护，保证运输畅通；加强施工物资的储存和保管，在库房四周设排水沟且要疏通，配置足够量的防雨材料，满足施工物资的防雨要求及雨天施工的防雨要求，防止物品淋雨浸水而变质；配备足够量的排水器材，满足现场、库区或必要时电缆沟道的排水需要。

(2) 高温季节施工措施

在高温季节，混凝土浇筑温度不得高于28℃。合理地分层分块，采用薄层浇筑，并尽量利用低温时段或夜间浇筑；尽量选用低水化热水泥，优化混凝土配合比，掺优质复合外加剂、粉煤灰等，降低单位体积混凝土中的水泥用量，并掺加适量的膨胀剂。

（3）冬季施工措施

土方工程。基础土方工程应尽量避开在冬季施工，如需在冬季施工，则应制订详尽的施工计划，合理的施工方案及切实可行的技术措施，同时组织好施工管理，争取在短时间内完成施工。施工现场的道路要保持畅通，运输车辆及行驶道路均应增设必要的防滑措施（例如沿路覆盖草袋）。在相邻建筑侧边开挖土方时，要采取对旧建筑物地基土免受冻害的措施。施工时，尽量做到快挖快填，以防止地基受冻。基坑槽内应做好排水措施，防止产生积水，造成由于土壁下部受多次冻融循环而形成塌方。开挖好的基坑底部应采取必要的保温措施，如保留脚泥或铺设草包。土方回填前，应将基坑底部的冰雪及保温材料清理干净。

钢筋工程。钢筋负温冷拉时，可采用控制应力法或控制冷拉率法。对于不能分清炉批的热轧钢筋冷拉，不宜采用控制冷拉率的方法。在负温条件下采用控制应力方法冷拉钢筋时，由于伸长率随温度降低而减少，如控制应力不变，则伸长率不足，钢筋强度将达不到设计要求，因此在负温下冷拉的控制应力应比常温高。冷拉控制应力最大冷拉率：负温下钢筋焊接施工，可采用闪光对焊、电弧焊（帮条，搭接，坡口焊）及电渣压力焊等焊接方法。焊接钢筋应尽量安排在室内进行，如必须在室外焊接，则环境温度不宜太低，在风雪天气时，还应有一定的遮蔽措施，焊接未冷却的接头，严禁碰到冰雪。

混凝土工程。冬季施工的混凝土宜选用硅酸盐水泥或普通硅酸盐水泥，水泥标号不宜低于32.5，每立方米混凝土中的水泥用量不宜少于300kg，水灰比不应大于0.6，并加入早强剂，有必要时应加入防冻剂（根据气温情况确定）。为减少冻害，应将配合比中的用水量降至最低限度，办法是：控制坍落度，加入减水剂，优先选用高效减水剂。模板和保温层，应在混凝土冷却到5℃后方可拆除。当混凝土与外界温差大于20℃时，拆模后的混凝土表面，应临时覆盖，使其缓慢冷却。未冷却的混凝土有较高的脆性，所以结构在冷却前不得遭受冲击荷载或动力荷载的作用。

砌体工程。水泥宜采用普通硅酸盐水泥，标号为32.5R，水泥不得受潮结块。普通砖、空心砖、混凝土小型空心砌块，加气混凝土砌块在砌筑前，应清除表面污物、冰雪等。遭水浸后冻结的砖和砌块不得使用。石灰膏等宜采取保温防冻措施，如遭冻结，应经融化后方可使用。砂宜采用中砂，含泥量应满足规范要求，砂中不得含有冰块及直径大于1cm的冻结块。砌筑砂浆的稠度与常温施工时不同，宜通过优先选用外加剂的方法来提高砂浆的稠度。在负温条件下，砂浆的稠度可比常温时大1～3cm，但不得大于12cm，以确保砂浆与砖的粘接力。

装饰工程。正温下，先抢外粉饰，最低气温低于0℃后，如果必须外粉饰时，脚手架应挂双层草帘封闭挡风，并用掺盐的水拌砂浆，当气温在0～−3℃

时（指三天内预期最低温度）掺 2%（按水重百分比）。冬季涂料工程的施工应在采暖条件下进行，室内温度保持均衡，不得突然变化。室内相对湿度不大于 80%，以防止产生凝结水，刷油质涂料时，环境温度不宜低于 +5℃，刷水质涂料时不宜低于 +3℃，并结合产品说明书所规定的温度进行控制，−10℃时各种油漆均不得施工。

地面工程。室内地面找平层，面层施工时应将门窗通道口进行遮盖保温，确保在室内温度为 5℃ 以上的条件下进行施工，室外部分预计三天温度在 0℃ 左右时，水泥砂浆应掺 1%~2% 的盐水溶液搅拌，并有可靠的防冻保暖措施。

屋面工程。屋面工程的冬季施工，应选择无风晴朗天气进行，充分利用日照条件提高面层温度，在迎风面宜设置活动的挡风装置。屋面各层施工前，应将基层上面的积雪、冰雪和杂物清扫干净，所用材料不得含有冰雪冻块。

钢结构工程的冬期施工。钢结构施工时除编制施工组织设计外，还应对取得合格焊接资格的焊工进行负温下焊接工艺的培训，经考试合格后，方可参加负温下钢结构施工。在焊接时针对不同的负温下结构焊接用的焊条、焊缝，在满足设计强度的前提下，应选用屈服强度较低、冲击韧性较好的低氢型焊条，重要结构可采用高韧性超低氢型焊条。

钢结构安装。编制安装工艺流程图；构件运输时要清除运输车箱上的冰、雪，应注意防滑垫稳；构件外观应检查与矫正；负温下安装作业使用的机具，设备使用前就进行调试，必要时低温下试运转，发现问题及时修整。负温下安装用的吊环必须用韧性好的钢材制作，防止低温脆断。

完工验收资料。为监理人进行各项混凝土工程的完工验收提交以下完工资料：各混凝土工程建筑物的隐蔽工程及其部位的质量检查验收报告；各混凝土工程建筑物的缺陷修补和质量事故处理报告；监理人指示提交的其他完工资料。

3.3.4　太阳电池组件安装

工程光伏发电组件一般采用固定式支架安装，待光伏发电组件基础验收合格后，进行光伏发电组件的安装。光伏发电组件的安装分为两部分：支架安装、光伏组件安装。支架安装和紧固应符合下列要求：①钢构件拼装前应检查清除飞边、毛刺、焊接飞溅物等，摩擦面应保持干燥、整洁，不宜在雨雪环境中作业。②支架的紧固度应符合设计图纸要求及《钢结构工程施工质量验收规范》GB 50205 中相关章节的要求。③组合式支架宜采用先组合框架后组合支撑及连接件的方式进行安装。④螺栓的连接和紧固应按照厂家说明和设计图纸上要求的数目和顺序穿放。不应强行敲打，不应气割扩孔。⑤手动可调式支架调整动作应灵活，高度角范围应满足技术协议中定义的范围。⑥垂直度和角度应符合下列规定：支架垂直度偏差每米不应大于 ±1°，支架角度偏差度不应大于 ±1°。太阳电池组件安装流程如下。

（1）场地平整

由于光伏电站建设位置大部分处于荒漠地区，经过长年的雨水冲刷及地壳变化，导致电站建设所处区域东西南北高低落差较大，所以，光伏电站建设第一步：场地平整，如图 3-8、图 3-9 所示。

图 3-8　场地平整前地貌

图 3-9　场地平整后地貌

（2）桩基开挖、掩埋

现在，由于我国光伏电站建设位置在荒漠地区，地质构成主要是沙石，导致传统的螺旋式打桩方式无法正常进行，电站在建设过程中多数采用桩基开挖的方式。比如，在西北地区施工，由于西北地区气候条件的原因，为保证桩基的抗风强度，桩基一般选用长 1.7m 左右、直径 76mm 的镀锌钢管焊接而成，装机开挖后，镀锌钢桩掩埋深度 1.5m，掩埋过程中需根据地势条件调整钢桩的垂直度及整齐度，如图 3-10 所示。

图 3-10　桩基开挖与地桩掩埋

（3）支架安装

钢桩掩埋工作完成后，支架安装工作随后开展，如图 3-11 所示。支架一般选用镀锌 C 型钢，具体型号标准要根据设计单位出具的设计文件决定。支架安装过程中要保证支架前后立柱的垂直。为保证后期组件安装的顺利进行，支架平面的倾斜角度需在同一水平线上。

图 3-11　支架安装

（4）光伏组件安装

支架安装调整完成后，下一步进行光伏组件的安装工作，如图 3-12 所示。光伏组件在安装过程中要注意严格按照施工要求进行安装。由于组件材料的特殊性，组件表面绝不允许安装人员踩踏及尖锐物体接触，以保证组件表面不被划伤。

图 3-12　组件安装

（5）防雷接地

组件安装完成后，根据设计单位出具的设计文件及防雷接地检测部门的相关要求，对全厂支架及主设备基础进行防雷接地扁铁的焊接安装工作，如图 3-13、图 3-14 所示。

图 3-13　接地扁铁

图 3-14　焊接接地扁铁

（6）组件接线

组件接线工作主要分为两个步骤：一是将组件根据设计文件的要求进行单块连接组成组串，二是将连接好的组串接入汇流箱，如图 3-15 所示。

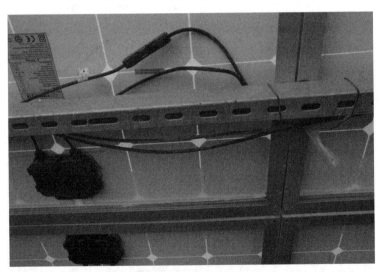

图 3-15　组件接线

（7）厂区内电缆的敷设与汇流箱安装接线

厂区内电缆要以"布局合理，节省材料"的原则严格按照设计单位出具的设计文件进行敷设。汇流箱安装见图 3-16，高压电缆敷设见图 3-17，低压电缆敷设见图 3-18。

图 3-16　汇流箱安装

图 3-17　高压电缆敷设

图 3-18　低压电缆敷设

光伏阵列支架表面应平整，固定太阳能板的支架面必须调整在同一平面，各组件应对整齐并成一直线，倾角必须符合设计要求，构件连接螺栓必须拧紧。

将光伏组件支架安装固定后进行光伏组件安装。安装光伏组件前，应根据组件参数对每个太阳光伏组件进行检查测试，其参数值应符合产品出厂指标。一般测试项目有：开路电压、短路电流等。应挑选工作参数接近的组件在同一子方阵内，应挑选额定工作电流相等或相接近的组件进行串连。安装太阳光伏组件时，应轻拿轻放，防止硬物刮伤和撞击表面玻璃。组件在基架上的安装位置及接线盒排列方式应符合施工设计规定。组件固定面与基架表面不吻合时，应用铁垫片垫平后方可紧固连接螺钉，严禁用紧拧连接螺钉的方法使其吻合，固定螺栓应拧紧。光伏组件电缆连接：按设计的串接方式连接光伏组件电缆，插接要紧固，引出线应预留一定的余量。组件到达现场后，应妥善保管，且应对其进行仔细检查，看其是否有损伤。必须在每个太阳电池方阵阵列支架安装结束后，才能在支架上组合安装太阳电池组件，以防止太阳电池组件受损。

组件之间的接线应符合以下要求：①组件间接插件应连接牢固。②外接电缆同插接件连接处应搪锡。③组串连接后开路电压和短路电流应符合设计要求，同一组串的正负极不宜短接。④组件间连接线应进行绑扎，整齐、美观、不应承受外力。⑤组件安装和移动的过程中，不应拉扯导线。⑥组件安装时，不应造成玻璃和背板的划伤或破损。⑦单元间组串的跨接线缆如采用架空方式敷设，宜采用PVC管进行保护。⑧进行组件连线施工时，施工人员应配备安全防护用品。不得触摸金属带电部位。⑨对组串完成但不具备接引条件的部位，应用绝缘胶布包扎好。⑩带边框的组件应将边框可靠接地。

另外，严禁在雨天进行组件的连线工作。施工人员安装组件过程中不应在组件上踩踏。

汇流箱安装应符合以下要求：①安装位置应符合设计要求。支架和固定螺栓应为镀锌件。②地面悬挂式汇流箱安装的垂直度允许偏差应小于1.5mm。③汇流箱的接地应牢固、可靠。接地线的截面积应符合设计要求。④汇流箱进线端及出线端与汇流箱接地端绝缘电阻不小于 $2M\Omega$（DC1000V）。⑤汇流箱组串电缆接引前必须确认组串处于断路状态。汇流箱内元器件完好，连接线无松动。⑥安装前汇流箱的所有开关和熔断器宜断开。

3.3.5 逆变器等箱体安装

逆变器及变压器基础的修筑主要是要注意混凝土的强度及混凝土浇筑完成后的养护工作，同时，在施工过程中要严格按照设计单位出具的设计图纸进行施工。

高压开关柜安装见图 3-19，静态无功补偿装置安装见图 3-20，35kV 箱体变压器安装见图 3-21，500kW 逆变器安装见图 3-22。

图 3-19　高压开关柜安装

图 3-20　静态无功补偿装置安装

图 3-21　35kV 箱式变压器安装

图 3-22　500kW 逆变器安装

逆变器及相关配套电气设备安装于逆变升压集装箱内，基础为素混凝土墩式基础，基础型钢安装后，其顶部宜高出抹平地面 10mm。逆变器与基础型钢之间固定应牢固可靠，基础型钢应有明显的可靠接地。100kW 及以上电站的逆变器应保证两点接地；金属盘门应用裸铜软导线与金属构架或接地排可靠接地。逆变器直流侧电缆接线前必须确认汇流箱侧有明显断开点，电缆极性正确、绝缘良好。逆变器交流侧电缆接线前应检查电缆绝缘，校对电缆相序。电缆接引完毕后，逆变器本体的预留孔洞及电缆管口应做好封堵。进出电缆线配有电缆沟。逆变器和配套电气设备是整体集成的集装箱，通过汽车运抵，采用吊车将逆变器吊到安装位置进行就位。逆变升压配电间固定在基础预埋件上，焊接固定。调整好基础预埋件的水平度，逆变升压配电间采用焊接固定在预埋件上，并按逆变器安装说明施工，安装接线须确保直流和交流导线分开。由于逆变器内置有高敏感性电气设备，搬运逆变器应非常小心，用起吊工具将逆变器固定到基础上的正确位置。

① 主变压器安装。变压器通过现有道路运至安装现场后，可采用汽车吊对变压器进行就位，设备的起吊应采用柔软的麻绳，防止破坏其外壳油漆。安装程序为：设备安装→引下线安装→接地系统安装→电缆敷设接线→整体调试。引下线安装完毕后不得有扭结、松股、断股或严重腐蚀等现象。设备底座支架的安装应牢固、平正，符合设计或制造厂的规定。所有设备的接地应采用足够截面积的镀锌扁铁，且接地应良好。

② 电缆敷设。电缆在安装前应仔细对图纸进行审查、核对，确认电缆的规格、层数是否满足设计要求，电缆的走向是否合理，电缆是否有交叉现象，否则需提出设计修改。电缆在安装前，应根据设计资料及具体的施工情况，编制详细

的电缆敷设程序表，表中应明确规定每根电缆安装的先后顺序。电缆的使用规格、安装路径应严格按设计进行，电缆应符合设计规定。电缆到达现场后，应严格按规格分别存放，以免混用。电缆敷设时，对每盘电缆的长度应做好登记，动力电缆应尽量减少中间接头，控制电缆做到没有中间接头，对电缆容易受损伤的地方，应采取保护措施，对于直埋电缆应每隔一定距离做好标识。电缆敷设完毕后，应保证整齐美观，进入盘内的电缆其弯曲弧度应一致，对进入盘内的电缆及其他必须封堵的地方应进行封堵，在电缆集中区设有防鼠杀虫剂及灭火设施。逆变器安装在振动场所，应按设计要求采取防振措施。二次系统元器件安装除应符合《电气装置安装工程盘、柜及二次回路接线施工及验收规范》GB 50171 的相关规定外，还应符合制造厂的专门规定。二次系统盘柜不宜与基础型钢焊死，如继电保护盘、自动装置盘、远动通信盘等。光伏电站其他电气设备的安装应符合现行国家有关电气装置安装工程施工及验收规范的要求。

3.3.6　设备和系统调试

设备和系统调试前，安装工作应完成并通过验收。所有装饰工作应完毕并清扫干净。装有空调或通风装置等特殊设施的，应安装完毕，投入运行。受电后无法进行或影响运行安全的工作，应施工完毕。调试单位和人员应具备相应资质并通过报验。使用万用表进行测量时，必须保证万用表挡位和量程正确。

（1）光伏组串调试

光伏组串调试前具备下列条件：①光伏组件调试前所有组件应按照设计文件数量和型号组串并接引完毕。②汇流箱内防反二极管极性应正确。③汇流箱内各回路电缆接引完毕，且标示清晰、准确。④调试人员应具备相应电工资格或上岗证并配备相应劳动保护用品。⑤确保各回路熔断器在断开位置。⑥汇流箱及内部防雷模块接地应牢固、可靠，且导通良好。⑦监控回路应具备调试条件。⑧辐照度宜在大于 $700W/m^2$ 的条件下测试，最低不应低于 $400W/m^2$。

光伏组串调试检测应符合下列规定：①汇流箱内测试光伏组串的极性应正确。②同一时间测试的相同组串之间的电压偏差不应大于 5V。③组串电缆温度应无超常温的异常情况，确保电缆无短路和破损。④直接测试组串短路电流时，应由专业持证上岗人员操作并采取相应的保护措施防止拉弧。⑤在并网发电情况下，使用钳形万用表对组串电流进行检测，相同组串间电流应无异常波动或差异。⑥逆变器投入运行前，宜将逆变单元内所有汇流箱均测试完成并投入。⑦光伏组串测试完成后，应按照规定格式填写记录。

逆变器在投入运行后，汇流箱内光伏组串的投、退顺序应符合下列规定：①汇流箱的总开关具备断弧功能时，其投、退应按下列步骤执行。a. 先投入光伏组串小开关或熔断器，后投入汇流箱总开关。b. 先退出汇流箱总开关，后退出光伏组串小开关或熔断器。② 汇流箱总输出采用熔断器，分支回路光伏组串的开关具备断弧功能时，其投、退应按下列步骤执行：a. 先投入汇流箱总输出熔断器，后投入光伏组串小开关。b. 先退出箱内所有光伏组串小开关，后退出汇流箱总输出熔断器。③汇流箱总输出和分支回路光伏组串均采用熔断器时，在投、退熔断器前，均应将逆变器解列。

汇流箱的监控功能应符合下列要求：①监控系统的通信地址应正确，通信良好并具有抗干扰能力。②监控系统应实时准确地反映汇流箱内各光伏组串电流的变化情况。

（2）跟踪系统调试

如果是跟踪式并网电站，跟踪系统调试前，应具备下列条件：①跟踪系统应与基础固定牢固，可靠；接地良好。②与转动部位连接的电缆应固定牢固并有适当预留长度。③转动范围内不应有障碍物。

在手动模式下通过人机界面等方式对跟踪系统发出指令，跟踪系统应符合下列要求：①跟踪系统动作方向应正确；传动装置、转动机构应灵活可靠，无卡滞现象。②跟踪系统跟踪的最大角度应满足技术要求。③极限位置保护应动作可靠。

在自动模式调试前，应具备下列条件：①手动模式下应调试完成。②对采用主动控制方式的跟踪系统，还应确认初始条件的准确性。

跟踪系统在自动模式下，应符合下列要求：①跟踪系统的跟踪精度应符合产品的技术要求。②风速超出正常工作范围时，跟踪系统应迅速做出避风动作；风速减弱至正常工作允许范围时，跟踪系统应在设定时间内恢复到正确跟踪位置。③跟踪系统在夜间应能够自动返回到水平位置或休眠状态，并关闭动力电源。④采用间歇式跟踪的跟踪系统，电机运行方式应符合技术文件的要求。⑤采用被动控制方式的跟踪系统在弱光条件下应能正常跟踪，不应受光线干扰产生错误动作。

跟踪系统的监控功能调试应符合下列要求：①监控系统的通信地址应正确，通信良好并具有抗干扰能力。②监控系统应实时准确地反映跟踪系统的运行状态、数据和各种故障信息。③具备远控功能的跟踪系统，应实时响应远方操作，动作准确可靠。

（3）逆变器调试

逆变器调试前，应具备下列条件：①逆变器控制电源应具备投入条件。②逆变器直流侧电缆应接线牢固且极性正确、绝缘良好。③逆变器交流侧电缆应接线牢固且相序正确、绝缘良好。④方阵接线正确，具备给逆变器提供直流电源的条件。

逆变器调试前，应对其做下列检查：①逆变器接地应符合要求。②逆变器内部元器件应完好，无受潮、放电痕迹。③逆变器内部所有电缆连接螺栓、插件、端子应连接牢固，无松动。④如逆变器本体配有手动分合闸装置，其操作应灵活可靠、接触良好，开关位置指示正确。⑤逆变器临时标识应清晰准确。⑥逆变器内部应无杂物，并经过清灰处理。

逆变器调试应符合下列规定：①逆变器的调试工作宜由生产厂家配合进行。②逆变器控制回路带电时，应对其做如下检查：a. 工作状态指示灯、人机界面屏幕显示应正常。b. 人机界面上各参数设置应正确。c. 散热装置工作应正常。

逆变器直流侧带电而交流侧不带电时，应进行如下工作：①测量直流侧电压值和人机界面显示值之间偏差应在允许范围内。②检查人机界面显示直流侧对地阻抗值应符合要求。

逆变器直流侧带电、交流侧带电，具备并网条件时，应进行如下工作：①测量交流侧电压值和人机界面显示值之间偏差应在允许范围内；交流侧电压及频率应在逆变器额定范围内，且相序正确。②具有门限位闭锁功能的逆变器，逆变器盘门在开启状态下，不应做出并网动作。

逆变器并网后，在下列测试情况下，逆变器应跳闸解列：①具有门限位闭锁功能的逆变器，开启逆变器盘门。②逆变器电网侧失电。③逆变器直流侧对地阻抗高于保护设定值。④逆变器直流输入电压高于或低于逆变器设定的门槛值。⑤逆变器直流输入过电流。⑥逆变器线路侧电压偏出额定电压允许范围。⑦逆变器线路频率超出额定频率应在允许范围内。⑧逆变器交流侧电流不平衡超出设定范围。

逆变器的运行效率、防孤岛保护及输出的电能质量等测试工作，应由有资质的单位进行检测。逆变器调试时，还应注意以下几点：①逆变器运行后，需打开盘门进行检测时，必须确认无电压残留后才允许作业。②逆变器在运行状态下，严禁断开无断弧能力的汇流箱总开关或熔断器。③如需接触逆变器带电部位，必须切断直流侧和交流侧电源、控制电源。

严禁施工人员单独对逆变器进行测试工作。

逆变器的监控功能调试应符合下列要求：①监控系统的通信地址应正确，通信良好并具有抗干扰能力。②监控系统应实时准确地反映逆变器的运行状态、数据和各种故障信息。③具备远方启、停及调整有功输出功能的逆变器，应实时响应远方操作，动作准确可靠。

3.3.7　二次系统调试

二次系统的调试工作应由调试单位、生产厂家进行，施工单位配合。二次系统的调试内容主要包括：计算机监控系统、继电保护系统、远动通信系统、电能量信息管理系统、不间断电源系统、二次安防系统等。

计算机监控系统调试应符合下列规定：①计算机监控系统设备的数量、型号、额定参数应符合设计要求，接地应可靠。②调试时可按照《水力发电厂计算机监控系统设计规范》DL/T 5065 相关章节执行。③遥信、遥测、遥控、遥调功能应准确、可靠。④计算机监控系统防误操作功能应准确、可靠。⑤计算机监控系统定值调阅、修改和定值组切换功能应正确。⑥计算机监控系统主备切换功能应满足技术要求。

继电保护系统调试应符合下列规定：①调试时可按照《继电保护和电网安全自动装置检验规程》DL/T 995 相关规定执行。②继电保护装置单体调试时，开入、开出、采样等元件功能应正确，且校对定值应正确；开关在合闸状态下模拟保护动作，开关应跳闸，且保护动作应准确、可靠，动作时间应符合要求。③继电保护整组调试时，应检查实际继电保护动作逻辑与预设继电保护逻辑策略一致。④站控层继电保护信息管理系统的站内通信、交互等功能实现应正确；站控层继电保护信息管理系统与远方主站通信、交互等功能实现应正确。⑤ 调试记录应齐全、准确。

远动通信系统调试应符合下列规定：①远动通信装置电源应稳定、可靠。②站内远动装置至调度方远动装置的信号通道应调试完毕，且稳定、可靠。③调度方遥信、遥测、遥控、遥调功能应准确、可靠，且应满足当地接入电网部门的特殊要求。④远动系统主备切换功能应满足技术要求。

电能量信息管理系统调试应符合下列规定：①电能量采集系统的配置应满足当地电网部门的规定。②光伏电站关口计量的主、副表，其规格、型号及准确度应相同；且应通过当地电力计量检测部门的校验，并出具体报告。③光伏电站关口表的 CT、PT 应通过当地电力计量检测部门的校验，并出具体报告。④光伏电站投入运行前，电度表应由当地电力计量部门施加封条、封印。⑤光伏电站的电量信息应能实时、准确地反映到当地电力计量中心。

不间断电源系统调试应符合下列规定：①间断电源的主电源、旁路电源及直流电源间的切换功能应准确、可靠，且异常告警功能应正确。②计算机监控系统应实时、准确地反映不间断电源的运行数据和状况。

二次系统安全防护调试应符合下列规定：①二次系统安全防护应主要由站控层物理隔离装置和防火墙构成，应能够实现自动化系统网络安全防护功能。②二次系统安全防护相关设备运行功能与参数应符合要求。③二次系统安全防护运行情况应与预设安防策略一致。

3.3.8 消防工程

施工单位应具备相应等级的消防设施工程从业资质证书，并在其资质等级许可的业务范围内承揽工程。项目负责人及其主要的技术负责人应具备相应的管理或技术等级资格。施工前应具备相应的施工技术标准、工艺规程及实施方案、完善的质量管理体系、施工质量控制及检验制度。

施工前应具备下列条件：①批准的施工设计图纸如平面图、系统图（展开系统原理图）、施工详图等图纸及说明书、设备表、材料表等技术文件应齐全；②设计单位应向施工、建设、监理单位进行技术交底；③主要设备、系统组件、管材管件及其他设备、材料，应能保证正常施工，且通过设备、材料报验工作；④施工现场及施工中使用的水、电、气应满足施工要求，并应保证连续施工。

施工过程质量控制，应按下列规定进行：①各工序应按施工技术标准进行质量控制，每道工序完成后，应进行检查，检查合格后方可进行下道工序；②相关各专业工种之间应进行交接检验，并经监理工程师签证后方可进行下道工序；③安装工程完工后，施工单位应按相关专业调试规定进行调试；④调试完工后，施工单位应向建设单位提供质量控制资料和各类施工过程质量检查记录；⑤施工过程质量检查组织应由监理工程师组织施工单位人员组成。

消防部门验收前，建设单位应组织施工、监理、设计和使用单位进行消防自验。

火灾自动报警系统施工应符合《火灾自动报警系统施工及验收规范》GB 50166 的规定。火灾报警系统的布管和穿线工作，应与土建施工密切配合。在穿线前，应将管内或线槽内的积水及杂物清除干净。导线在管内或线槽内，不应有接头或扭结。导线的接头，应在接线盒内焊接或用端子连接。火灾自动报警系统调试，应先分别对探测器、区域报警控制器、集中报警控制器、火灾报警装置和消防控制设备等逐个进行单机通电检查，正常后方可进行系统调试。

火灾自动报警系统通电后，可按照《火灾报警控制器》GB 4717 的相关规定，对报警控制器进行下列功能检查：①火灾报警自检功能；②消音、复位功能；③故障报警功能；④火灾优先功能；⑤报警记忆功能；⑥电源自动转换和备用电源的自动充电功能；⑦备用电源的欠压和过压报警功能。

火灾自动报警系统若与照明回路有联动功能，则联动功能应正常、可靠。监控系统应能够实时、准确地反应火灾自动报警系统的运行状态。

火灾自动报警系统竣工时，施工单位应提交下列文件：①竣工图；②设计变更文字记录；③施工记录，包括隐蔽工程验收记录；④检验记录，包括绝缘电阻、接地电阻的测试记录；⑤竣工报告等。

消火栓灭火系统包括消防水泵、消防气压给水设备、水泵接合器。①这些设施应经国家消防产品质量监督检验中心检测合格；并应有产品出厂检测报告或中文产品合格证及完整的安装使用说明；②消防水池、消防水箱的施工应符合现行行业标准的相关规定和设计要求；③室内、室外消火栓宜就近设置排水设施；④消防水泵、消防水箱、消防水池、消防气压给水设备、消防水泵接合器等供水设施及其附属管道的安装，应清除其内部污垢和杂物，安装中断时，其敞口处应封闭；⑤消防供水设施应采取安全可靠的防护措施，其安装位置应便于日常操作和维护管理；⑥消防供水管直接与市政供水管、生活供水管连接时，连接处应安装倒流防止器；⑦供水设施安装时，环境温度不应低于 5℃；当环境温度低于 5℃时，应采取防冻措施；⑧管道的安装应采用符合管材材料的施工工艺，管道安装中断时，其敞口处应封闭；⑨消防水池和消防水箱的满水试验或水压试验应符合设计规定，同时保证无渗漏；⑩消火栓水泵接合器的各项安装尺寸，应符合设计要求，接口安装高度允许偏差为 20mm。

3.3.9 环保与水土保持

（1）施工环境保护

施工噪声污染控制应符合下列要求：①应按照《建筑施工场界环境噪声排放标准》GB 12523 的规定，对施工各个施工阶段的噪声进行监测和控制。②噪声超过噪声限值的施工机械不宜继续进行作业。③夜间施工的机械如果出现噪声扰民的情况，则不应夜间施工。

施工废液污染控制应符合下列要求：①施工中产生的泥浆、污水不宜直接排入正式排水设施和河流、湖泊以及池塘，应经过处理才能排放。②施工产生的废油应盛放进废油桶进行回收处理，被油污染的手套、废布应统一按规定要求进行处理，严禁直接进行焚烧。③检修电机、车辆、机械等，应在其下部铺垫塑料布和安放接油盘，直至不漏油时方可撤去。④粪便必须经过化粪池处理后才能排入污水管道。

施工粉尘污染控制应符合下列要求：①应采取在施工道路上洒水、清扫等措施，对施工现场扬尘进行控制。②水泥等易飞扬的细颗粒建筑材料应采取覆盖或密闭存放。③混凝土搅拌站应采取围挡、降尘措施。

施工固体废弃物控制应符合下列规定：①应按照现行行业标准相关规定，对施工中产生的固体废弃物进行分类存放并按照相关规定进行处理，严禁现场直接焚烧各类废弃物。②建筑垃圾、生活垃圾应及时清运。③有毒有害废弃物必须运送专门的有毒有害废弃物集中处置中心处理，禁止将有毒有害废弃物直接填埋。

（2）施工水土保持

施工中的水土保持应符合下列要求：①光伏电站宜随地势而建，不宜进行大面积场地平整而破坏自然植被。②宜尽量减少硬化地面的面积，道路、停车场、广场宜选用水泥砖等小面积硬化块作为路面铺设物。③光伏电站场地排水及道路排水宜采用自然排水。

施工后的绿化应符合下列要求：①原始地貌植被较好的情况下，尽量恢复原始植被。②原始地貌植被覆盖情况不好的光伏电站内道路边栽种绿化树，场地中间人工种草。

施工区域外的水土保持应符合下列要求：①临时弃土区应采用覆盖和围挡措施。②永久弃土区应恢复与周边相近的植被覆盖。③处于风沙较大地区的光伏电站周边应栽种树木。④处于植被较好区域的光伏电站周边应恢复原始植被。

3.4　几种光伏电站介绍　◀◀◀

随着新能源行业的不断发展，光伏发电站内的发电单元种类也由刚开始的单一性发展到了目前的多样化，下面就是对运用于光伏电站的各类发电单元模块的介绍。

（1）固定式单晶组件发电单元

固定式单晶组件发电单元（图 3-23）采用的是地埋式固定支架安装，根据电站所处区域，并通过当地的日照辐射计算出最佳的组件倾斜角度，使其组件接受的太阳辐射量和平面接受的太阳辐射量达到最大值。

图 3-23　固定式单晶组件发电单元

（2）固定式非晶硅薄膜组件发电单元

固定式非晶硅薄膜组件发电单元（图 3-24）与上述固定式单晶硅组件发电单元的原理是一致的，只是所使用的组件发生了变化。

（3）平单轴光伏组件发电单元

平单轴光伏组件发电单元（图 3-25）所采用的组件与固定式发电单元没有差异，其特点在于平单轴组件发电单元所安装的组件在同一平面，支架上安装有一个可以左右 270° 自由旋转的轴，使其可以根据程序内写入的所处区域太阳辐射角度的变化跟随太阳做由东至西的旋转，使其组件接受的太阳辐射量和平面接受的

图 3-24　固定式非晶硅薄膜组件发电单元

太阳辐射量达到最大值，以提高组件的发电量。

图 3-25　平单轴光伏组件发电单元

（4）斜单轴光伏组件发电单元

斜单轴光伏组件发电单元（图 3-26）的安装原理与平单轴光伏组件发电单元的安装原理是一致的，其区别在于所安装的组件不在同一平面内，而是通过当地太阳辐射量计算出的组件倾斜角度，将组件按照计算出的规定角度固定安装在支架上面，再通过安装在上面的轴根据太阳辐射角度的变化做由东至西的旋转，更加有效地利用了太阳能的日照资源。

（5）高倍聚光发电单元

高倍聚光发电单元（图 3-27）主要是采用凸透镜的原理将太阳光聚集于安装在组件上的砷化镓从而产生电能，为充分利用光照资源，采用 360°旋转跟踪式高倍聚光发电单元。

图 3-26　斜单轴光伏组件发电单元

图 3-27　高倍聚光发电单元

（6）双轴跟踪式发电单元

双轴跟踪式发电单元（图 3-28）所采用的发电原理与固定式发电单元基本一致，区别在于双轴跟踪式发电单元可以通过两台电机传动来改变组件的倾斜角与组件正对太阳的方位，使其安装在上面的组件可以根据太阳的辐射角度和日照方位对其进行实时跟踪。

图 3-28　双轴跟踪式发电单元

习 题

一、填空题

  1. 汇流箱安装时，地面悬挂式汇流箱安装的垂直度允许偏差应小于_____
_____。

  2. 汇流箱进线端及出线端与汇流箱接地端绝缘电阻不小于_____。

二、名词解释

  并网光伏发电系统　光伏发电二次系统调试

三、问答题

  1. 以 30kWp 并网运行的太阳能发电系统说明并网光伏发电系统。

  2. 叙述大型光伏并网系统的施工组织基本过程。

第4章
光伏逆变器

4.1 逆变器简介 <<<

(1) 逆变器的分类及特性参数

太阳电池光伏发电是直流系统,即太阳电池发电能给蓄电池充电,而蓄电池直接给负载供电;当负载为交流电时,就需要将直流电变为交流电,这时就需要使用逆变器。逆变器的功能是将直流电转换为交流电,为"逆向"的整流过程,因此称为"逆变"。根据逆变器线路逆变原理的不同,有自激振荡型逆变器、阶梯波叠加逆变器和脉宽调制(PWM)逆变器等。根据逆变器主回路拓扑结构的不同,可分为半桥结构、全桥结构、推挽结构等。逆变器保护功能包括:输出短路保护、输出过电流保护、输出过电压保护、输出欠电压保护、输出缺相保护、输出接反保护、功率电路过热保护和自动稳压功能等。

由于光伏电池的电压通常低于可以使用的交流电压,因此在光伏逆变器系统中需要一个可以直流升压的变换器,经过直流升压后的电压需要通过逆变器将直流电能变换为交流电能。光伏逆变系统的核心就是直流升压电路和逆变开关电路。直流升压电路和逆变开关电路都是通过电力电子开关器件的开与关来完成相应的直流升压和逆变的功能。电力电子开关器件的通断需要一定的驱动脉冲,这些脉冲可以通过改变一个电压信号来调节,产生和调节脉冲的电路通常称为控制电路。逆变换与正交变换正好相反,它使用具有开关特性的全控功率器件,通过一定控制逻辑,由主控制电路周期性地对功率器件发出开关控制信号,再经变压器耦合升(降)压,整形滤波就得到了需要的交流电。一般中小功率的逆变器采用功率场效应管、绝缘栅晶体管,大功率的逆变器都采用可关断晶闸管器件。

逆变器的选择会影响到光伏系统的性能可靠性和成本。下面介绍一下逆变器特性参数:输出波形,功率转换效率,标称功率,输入电压,电压调整,电压保护,频率,调制性功率因子,无功电流,大小及重量,音频和 RF 噪声,表头和开关;有些逆变器还具有电池充电遥控操作,负载转换开关,并联运行的功能。独立逆变器一般在直流 12V、24V、48V 或 120V 电压输入时可产生 120V 或 240V 频率为 50Hz 或 60Hz 的交流电。

逆变器通常根据其输出波形来分类:①方波;②类正弦波;③正弦波。方形波逆变器相对较便宜,效率可达 90% 以上,高谐波,小的输出电压调整,它们适用于阻抗型负载和白炽灯。类正弦波逆变器在输出可用脉宽提高电压调整,效率可达 90%,它们可用来带动灯、电子设备和大多数电机等各种负载,然而它们在带动电机时由于谐波能量损失而比正弦波逆变器带动效率低。正弦波逆变器产生的交流波形与大多数电子设备产生的波形一样好。它们在功率范围内可以驱动任何交流负载。通常，逆变器的规格可在计算值的基础上增加25％，这既可以增加该部件工作的可靠性，也可以满足负载的适量增加。对于小负载需求，所有逆变器的效率都是比较低的；当负载需求超过标称负载的50％以上时，逆变器的效率即可达标称效率（大约90％）。

下面对一些参数做一些解释说明：①功率转换效率：其值等于逆变器输出功率除以输入功率，逆变器的效率会因负载的不同而有很大变化。②输入电压：由交（直）流负载所需的功率和电压决定。一般负载越大，所需的逆变器的输入电压就越高。③抗浪涌能力：大多数逆变器可超过它的额定功率有限的时间（几秒钟），有些变压器和交流电机需要比正常工作高几倍的启动电流（一般也仅持续几秒钟），对这些特殊负载的浪涌要求应测量出来。④静态电流：这是在逆变器不带负载（无功耗）时，其本身所用的电流，这个参数在长期带小负载的情况下是很重要的，当负载不大时，逆变器的效率是极低的。⑤电压调整：这意味着输出电压的多样性。较多的系统在一个大的负载范围内，均方根输出电压接近常数。⑥电压保护：逆变器在直流电压过高时就会损坏，而逆变器的前级——蓄电池在过充电时逆变器的直流输入电压就会超过标称值，比如一个12V的蓄电池在过充电以后可能会达到16V或者更高，这时就有可能破坏后级所连的逆变器。所以用控制器来控制蓄电池的充电状态是十分必要的。在无控制器时逆变器须有检查测试保护电路，当电池电压高于设定值时，保护电路会将逆变器断开。⑦频率：我国的交流负载是在50Hz的频率下进行工作的。高质量的设备需要精确的频率调整，因为频率偏差会引起表和电子计时器性能的下降。⑧调制性：在有些系统中用多个逆变器非常有利，这些逆变器可并联起来带动不同的负载。有时为了防止出现故障，用手动负载开关使一个逆变器可满足电路的特定负载要求。增加此开关提高了系统的可靠性。⑨功率因子：逆变器产生的电流与电压间的相位差的余弦值即为功率因子，对于阻抗型负载，功率因子为1，但对感抗型负载（户用系统中常用负载）功率因子会下降，有时可能低于0.5。功率因子由负载确定而不是由逆变器确定。

需要注意的是：逆变器正负极不能接反，否则会烧毁有关电器；最大输入电压不能超过额定输入电压的上限；因为逆变器有一定的空载电流，所以不使用时应切断输入电源；使用环境温度一般是－10～40℃，因此，不能将水洒到逆变器上面，尽量避开阳光直射，不要将其他物品放置于逆变器上面，或覆盖住工作的逆变器；不要在易燃材料附近使用，也不要在易燃气体聚集的地方使用。

（2）光伏并网逆变器发展现状与发展趋势

近年来，受益于德国、美国、中国、日本对光伏产业的政策扶持，全球光伏市场中光伏发电用逆变器的销售数量和装机容量都逐年递增，光伏发电用逆变器已经进入了快速增长时期。欧洲作为全球光伏市场的先驱，具备完善的光伏产业链，光伏逆变器技术占据世界领先地位。目前中国光伏并网逆变器市场规模尚小，国内生产逆变器的厂商众多，其中用于光伏发电系统用逆变器的制造商并不多，但是不少国内企业已经在逆变器行业研究多年，具备了一定的规模和竞争力，但在逆变器技术质量、规模上与国外企业相比仍具有较大差距。虽然国内市场规模目前较小，但国内光伏逆变商应该清醒地认识到新能源产业的快速发展已是大势所趋，看到未来光伏电站在全球市场范围内的巨大发展空间和发展潜力，企业应该吸纳人才，整合资源，在发展创新新产品上增加投入，有效抢占市场份额，这将给企业带来巨大的品牌和资金效益。

从技术方面来看，国内企业在转换效率、结构工艺、智能化程度、稳定性等方面与国外先进水平仍有一定差距。目前我国在小功率逆变器技术上与国外处于同一水平，但在大功率并网逆变器上，仍需进一步提高和发展。

逆变器的发展高度依赖于电力电子和微电子技术，基于半导体技术和信号处理技术的功率变换技术能让不同的电力设施（可再生能源发电、能量储存、柔性传输和可控负载）与电力系统实现高效、灵活的互联，而并网逆变器作为一种功率变换装置，在未来基于智能电网技术的电力系统中将会发挥重大的作用，也是光伏发电系统并网的关键要素。光伏逆变器的首要功能是将光伏电池板发出来的直流电转换成与电网同步的交流电。作为最重要的一种分布式发电形式，光伏发电的效率和电能质量一直是备受关注的两个方面，而逆变器作为能量传输的通道，其拓扑结构和并网电流控制方法是业界关注和研究的热点。

（3）光伏并网系统中逆变器的技术要求

光伏并网逆变器作为光伏电池组件与电网的接口装置，不仅要将太阳能电池板发出的直流电转换为交流电，还要对输出交流电的电压、电流、频率、相位等进行控制，要解决对电网的电磁干扰、自我保护、单独运行以及最大功率跟踪等技术问题，并将其传输到公共电网上。因此，光伏电站的并网运行，对逆变器提出了很高的要求。

① 逆变器具备较高的效率。转换效率的高低将直接影响到太阳能发电系统在寿命周期内发电量的多少。当前太阳能电池的价格依然偏高，为了让太阳能电池组件最大限度地发挥效率，系统得到最大化输出，必须提高系统的工作效率，也就必须提高逆变器的效率。根据不同型号，国际一流品牌产品的转换效率最高可达98%以上。大功率的光伏逆变器能够达到98.7%的转换效率，最大功率跟踪器（MPPT）效率可达到99.9%。

② 逆变器具备较高的可靠性。我国光伏分布式电站多用于边远无人看守地区，对于逆变器的检查和维护有较大困难，这就要求光伏逆变具有合理的电路结构，优质严格的元器件，并且具备各种自动保护功能，如交流输出短路保护、直流输入极性接反保护、过热及过载保护等。

③ 逆变器具备较宽的直流输入电压范围，并保证符合电网要求。由于光伏发电受天气情况的制约，其输出的端电压随负载和日照强度、温度的变化而变

化。蓄电池虽然对太阳能电池的电压具有重要作用，但由于蓄电池电压随蓄电池的剩余容量和内阻的变化而波动，尤其是蓄电池随使用寿命的增长端电压变化更大，这就要求逆变器必须在较宽的直流输入电压内能够正常工作，并保证输出电压的稳定性，同时输出的电流不能对电网造成冲击，符合电网并网要求。

④ 在中、大容量的光伏发电系统中，逆变器应输出失真度较小的正弦波。这是由于在中大型的光伏电站中，若采用方波供电，其输出将含有较多谐波分量，高次谐波会带来附加损耗。许多光伏发电系统的负载为通信设备或仪表设备，对电波质量具有很高的要求，当中、大容量的光伏电站并网运行时，为了避免对公共电网造成电力污染，也必须要求逆变器输出正弦波电流。

4.2　逆变器结构及工作原理 <<<

逆变器由半导体功率器件和逆变器驱动、控制电路两大部分构成，由于微电子技术和电力电子技术的发展促进了新型大功率半导体器件和驱动控制电路的出现，现在逆变器多采用绝缘栅极晶体管、功率场效应管、MOS 控制器晶闸管以及智能型功率模块等各式先进和易于控制的大功率器件。控制电路也从原有的模拟集成电路发展到了由单片机控制或者是数字信号处理器控制，使逆变器向着系统化、全控化、节能化和多功能化方向发展。

4.2.1　逆变器基本结构

逆变器结构由输入电路、主逆变电路、输出电路、辅助电路、控制电路和保护电路等构成，如图 4-1 所示。

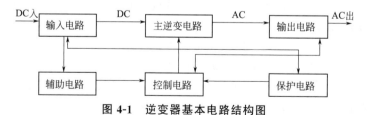

图 4-1　逆变器基本电路结构图

输入电路负责提供直流输入电压；主逆变电路通过半导体开关器件的作用完成逆变程序；输出电路主要对主逆变电路输出交流电的频率，相位和电压、电流的幅值进行补偿和修正，以达到一定标准；控制电路为主逆变电路提供脉冲信号，控制半导体器件的开通与关断；辅助电路将输入电路的直流电压换成适合控制电路工作的直流电压，同时也包括了一系列的检测电路。

4.2.2 逆变电路基本工作原理

逆变器的工作原理类似开关电源，通过一个振荡芯片，或者特定的电路，控制着振荡信号输出，信号通过放大，推动场效应管不断开关，这样直流电输入之后，经过这个开关动作，就形成一定的交流特性，经过修正，就可以得到类似电网上的那种正弦波交流。逆变器是一种功率调查装置，对于使用交流负载的独立光伏系统来说，逆变器是必要的。逆变器选择的一个重要因素就是所设定的直流电压的大小。逆变器的输出可分为直流输出和交流输出两类。对于直流输出，逆变器称为变换器，是直流电压到直流电压的转换，这样可以提供不同电压的直流负载工作所需的电压。对交流输出，需要考虑的除了输出功率和电压外，还应考虑其波形和频率。在输入端须注意逆变器所要求的直流电压和所能承受的浪涌电压的变化。

逆变器的控制可以使用逻辑电路或专用的控制芯片，也可以使用通用单片机或 DSP 芯片等，控制功率开关管的门极驱动电路。逆变器输出可以带有一定的稳压能力，以桥式逆变器为例，如果设计逆变器输出的交流母线额定电压峰值比其直流母线额定电压低 10%～20%（目的是使其具备一定的稳压能力），则逆变器经 PWM 调制输出其幅值可以有向高 10%～20% 调节的余量，向低值调节则不受限制，只需降低 PWM 的开通占空比即可。因此逆变器输入直流电压波动范围为 -15%～20%，向上只要器件耐压允许则不受限制，只需调小输出脉宽即可（相当于斩波）。当蓄电池或光伏电池输出电压较低时，逆变器内部需配置升压电路，升压可以使用开关电源方式升压也可以使用直流充电泵原理升压。逆变器使用输出变压器形式升压，即逆变器电压与蓄电池或光伏电池阵列电压相匹配，逆变器输出较低的交流电压，再经工频变压器升压送入输电线路。需要说明的是，不论是变压器还是电子电路升压，都要损失一部分能量。最佳逆变器工作模式是直流输入电压与输电线路所需的电压相匹配，直流电力只经过一层逆变环节，以降低变换环节的损耗，一般来说逆变器的效率在 90% 以上。逆变环节损耗的能量转换为功率管、变压器的热形式能量，该热量对逆变器的运行是不利的，威胁装置的安全，要使用散热器、风扇等将此热量排出装置以外。逆变损耗通常包括两部分：导通损耗和开关损耗。MOSFET 管开关频率较高，导通阻抗较大，由其构成的逆变器多工作在几十到上百千赫兹频率下；而 IGBT 导通压降相对较小，开关损耗较大，开关频率在几千到几十千赫兹之间，一般选择十千赫兹以下。开关并非理想开关，在其开通过程中电流有一上升过程，管子端电压有一下降过程，电压与电流交叉过程的损耗就是开通损耗，关断损耗为电压电流相反变化方向的交叉损耗。降低逆变器损耗主要是要降低开关损耗，新型的谐振型开关逆变器，在电压或电流过零点处实施开通或关断，从而可以降低开关损耗。

下面以单相桥式逆变电路为例，说明逆变电路最基本的工作原理。如图 4-2（a）所示，开关 $S_1 \sim S_4$ 分别位于桥式电路的四个臂上，由电力电子器件和辅助电路构成。当开关 S_1 和 S_4 闭合、S_2 和 S_3 断开时，负载上得到左正右负的正向电压 u_o；间隔一段时间后，将开关 S_1 和 S_4 断开、S_2 和 S_3 闭合，负载上得到左负右正的反向电压 u_o，其波形如图 4-2（b）所示。通过这种方式就把直流电变为了交流电，并且改变开关频率，就可以改变输出交流电的频率。

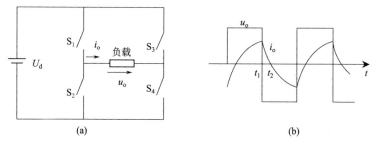

图 4-2　逆变电路原理示意图及波形图

电阻性负载时，负载电流 i_o 和电压 u_o 的波形相同，相位也相同；当为阻感性负载时，电流 i_o 的基波相位滞后于 u_o 的基波，两者波形也不同，如图 4-2（b）所示为阻感性负载时 i_o 的波形。设 t_1 时刻以前 S_1 和 S_4 闭合，u_o 和 i_o 均为正，在 t_1 时刻时断开，同时闭合 S_2、S_3，则 u_o 极性立刻变为负。由于负载中有电感存在，其电流方向不可能立刻改变方向而是维持原来方向，电流从电源负极流出经过 S_2 和 S_3 流入电源正极，负载中储存的能量向直流电源反馈，负载电流逐渐减小，到 t_2 时刻变为零以后才逐渐反向增大。S_2、S_3 断开，S_1、S_4 闭合时情况相似。上述是 $S_1 \sim S_4$ 为理想开关时的分析，实际电路的工作过程更为复杂。

4.2.3　单相电压型逆变电路

电压源逆变器是按照控制电压的方式将直流电能转化为交流电能的器件，是逆变技术中常见的一种。从一个直流电源中获取交流电能，有多种方式，但至少应有两个功率开关器件。单相逆变器有推挽式、半桥式和全桥式三种电路拓扑结构，虽然电路结构不同，但工作原理相似。电路中都使用具有开关特性的半导体功率器件，又控制电路周期性地对功率器件发出开关脉冲控制信号，控制多个功率器件轮流导通和关断，再经过变压器耦合升压或降压后，整形滤波输出符合要求的交流电。

4.2.3.1　推挽式逆变电路

如图 4-3 所示，该电路是单相推挽式逆变器的拓扑结构，由两个共负极连接的功率开关管和一个初级带有抽头的升压变压器组成，升压变压器的中心抽头连接直流电源正极，在控制电路的作用下两个功率开关管交替工作，输出方波和三角波的交流电力。

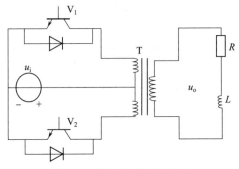

图 4-3 推挽电路拓扑结构

若交流负载为纯阻性负载，在 $t_1 \sim t_2$ 时间段内，给 V_1 功率管加上驱动信号 U_{g1}，V_1 导通，V_2 截止，变压器输出端感应出正向电压；$t_3 \sim t_4$ 时间段内，给 V_2 管一个驱动信号 U_{g2}，V_2 导通，V_1 截止，变压器输出端感应负电压，波形图如图 4-4（a）所示，输出方波电压。若交流负载侧为感性负载，则变压器内的电流波形连续，输出电压、电流波形如图 4-4（b）所示。推挽逆变器的输出只有两种状态，实质上是双极性调制，通过调节 V_1 和 V_2 的占空比来调节输出电压。推挽式方波逆变器的电路拓扑结构简单，两个功率管可共地驱动，但功率管承受开关电压为 2 倍的直流电压，适合应用于直流母线电压较低的场合。缺点是变压器利用率较低，带感性负载能力差。

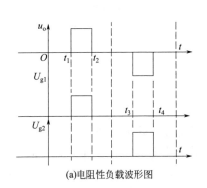

(a)电阻性负载波形图

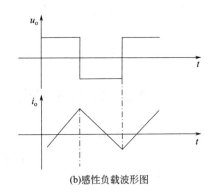

(b)感性负载波形图

图 4-4

4.2.3.2 半桥式逆变电路

半桥式逆变电路拓扑结构如图 4-5（a）所示，它有两个桥臂，每个桥臂上有一个可控器件和一个反并联二极管。直流侧有两个相互串联的容量足够大的电容，两个串联电容的中点为参考点，负载连接在直流电源中点和两个桥臂连接点之间。

设开关器件 V_1 和 V_2 的栅极信号在一个周期内各有半周正偏，半周反偏，且二者互补。当负载为感性负载时，其工作波形如图 4-5（b）所示，输出电压 u_o 为矩形波，幅值为 $U_m = U_d/2$，输出电流波形随负载情况而有差异。电路带阻感负载，t_2 时刻给 V_1 关断信号，给 V_2 开通信号，则 V_1 关断，但感性负载中的电流 i_o 不能立即改变方向，于是 VD_2 导通续流，当 t_3 时刻 i_o 降为零时，VD_2 截止，V_2 开通，i_o 开始反向，由此得出如图 4-5（b）所示的电流波形。

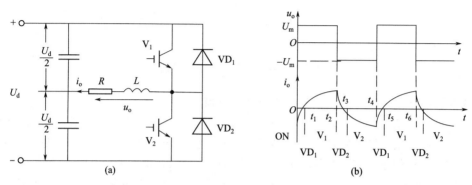

图 4-5　单相半桥电压型逆变电路及其工作波形

　　半桥逆变电路的优点是简单，使用器件少。缺点在于输出交流电压的幅值 U_m 仅为 $U_d/2$，且直流侧需要两个电容器串联，工作时还要控制两个电容器电压的均衡。

4.2.3.3　全桥式逆变电路

　　单相电压型全桥式逆变电路拓扑结构如图 4-6 所示，由两个半桥电路组成。把 V_1 与 VD_1 组成的桥臂 1 和 V_4 与 VD_4 组成的桥臂 4 作为一对，V_2 与 VD_2 组成的桥臂 2 和 V_3 与 VD_3 组成的桥臂 3 作为一对，成对的两个桥臂同时导通，两队交替各导通 $180°$。图 4-6 所示电路输出电压的波形和图 4-5（b）所示的半桥电路的 u_o 形状相同，只是幅值高出一倍，即 $U_m = U_d$，并且在直流电压和负载都相同的情况下，其输出电流 i_o 的波形也和图 4-5（b）所示的一样，仅幅值增加一倍。

　　全桥逆变电路是单相逆变电路中应用最为广泛的，对其电压波形做定量分析，将幅值为 U_d 的矩形波 u_o 展开成傅里叶级数得：

$$u_o = \frac{4U_d}{\pi}\left(\sin\omega t + \frac{1}{3}\sin 3\omega t + \frac{1}{5}\sin 5\omega t + \cdots\right)$$

其中，基波幅值 U_{o1m} 和基波有效值 U_{o1} 分别为：

$$U_{o1m} = \frac{4U_d}{\pi} = 1.27U_d , U_{o1} = \frac{2\sqrt{2}U_d}{\pi} = 0.9U_d$$

上述公式同样适用于半桥逆变电路，只是将 U_d 换成 $U_d/2$。

　　以上分析的都是 u_o 为正负电压各为 $180°$ 脉冲时的情形，在这种情况下，要

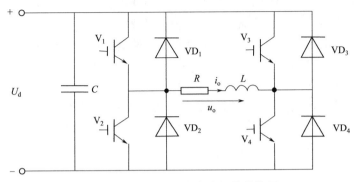

图 4-6　单相全桥逆变电路拓扑结构图

改变输出交流电压的有效值只能通过改变幅值 U_d 来实现。

　　对于阻感负载，可采用移相调压法来调节逆变器的输出电压，移相调压法的实质是调节电压脉冲宽度。各个晶闸管的栅极信号仍是 180°正偏，180°反偏，并且 V_1 和 V_2 的栅极信号互补，但是 V_3 的基极信号只是落后 θ（$0° < \theta < 180°$），即 V_3 和 V_4 的栅极信号前移了 $180 - \theta$，输出电压的波形为正负各 θ 的脉冲，各个晶闸管的栅极信号 $u_{G1} \sim u_{G4}$ 及输出电压 u_o、输出电流 i_o 的波形如图 4-7 所示。

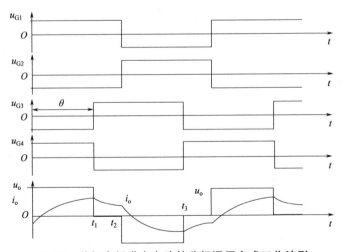

图 4-7　单相全桥逆变电路的移相调压方式工作波形

　　分析其工作方式：t_1 时刻前 V_1 和 V_4 导通，$u_o = U_d$。t_1 时刻 V_4 截止，而因负载电感中的电流 i_o 不能突变，V_3 不能立刻导通，VD_3 导通续流，$u_o = 0$。t_2 时刻 V_1 截止，而 V_2 不能立刻导通，VD_2 导通续流，和 VD_3 构成电流通道，$u_o = -U_d$。到负载电流过零并开始反向时，VD_2 和 VD_3 截止，V_2 和 V_3 开始导通，u_o 仍为 $-U_d$。t_3 时刻 V_3 截止，而 V_4 不能立刻导通，VD_4 导通续流，u_o 再次为零。通过改变 θ 就可调节输出电压。

4.2.4　三相逆变器

单相逆变器由于受到功率开关器件的容量、中性线电流、电网负载平衡要求和用电负载性质等限制，容量一般都在 100kV·A 以下。大容量的逆变电路多采用三相逆变电路，三相逆变器按直流电源性质分为三相电压源型逆变器和三相电流源型逆变器。

4.2.4.1　三相电压源型逆变器

图 4-8 给出了三相电压源型逆变电路的拓扑结构，该电路由 6 个功率开关管和 6 个续流二极管以及带中性点的直流电源组成。每个桥臂导通方式为 180°，同一相上下桥臂交替导通，各相开始导通的角度依次相差 120°，同一时刻，将有 3 个桥臂同时导通。因为每次换流总是在同一相上下两个桥臂上进行，因此也被称为纵向换流。

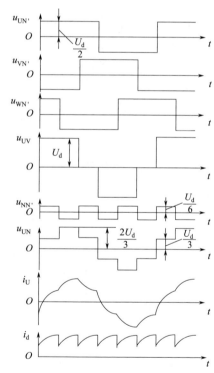

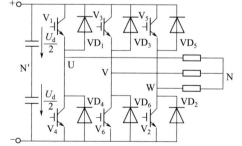

图 4-8　三相电压源型桥式逆变电路
拓扑结构图

图 4-9　三相电压源型桥式逆变电路的
工作波形

分析逆变电路工作波形，对于 U 相输出来说，当 V_1 与 VD_1 组成的桥臂 1 导通时，$u_{UN'} = U_d/2$，当 V_4 与 VD_4 组成的桥臂 4 导通时，$u_{UN'} = -U_d/2$，$u_{UN'}$ 的波形是幅值为 $U_d/2$ 的矩形波，V、W 两相的情况和 U 相类似，如图 4-9 所示。

负载线电压 u_{UV}、u_{VW}、u_{WU} 可由下式求出：

$$\left.\begin{array}{l} u_{UV} = u_{UN'} - u_{VN'} \\ u_{VW} = u_{VN'} - u_{WN'} \\ u_{WU} = u_{WN'} - u_{UN'} \end{array}\right\}$$

负载各相的相电压分别为：

$$\left.\begin{array}{l} u_{UN} = u_{UN'} - u_{NN'} \\ u_{VN} = u_{VN'} - u_{NN'} \\ u_{WN} = u_{WN'} - u_{NN'} \end{array}\right\}$$

整理上式得：

$$u_{NN'} = \frac{1}{3}(u_{UN'} + u_{VN'} + u_{WN'}) - \frac{1}{3}(u_{UN} + u_{VN} + u_{WN})$$

设负载三相对称，则有 $u_{UN} + u_{VN} + u_{WN} = 0$，故可得：

$$u_{NN'} = \frac{1}{3}(u_{UN'} + u_{VN'} + u_{WN'})$$

负载参数已知时，可以由 u_{UN} 的波形求出 U 相电流 i_U 的波形，图 4-9 给出的是阻感负载下 $\varphi < \pi/3$ 时 i_U 的波形。把桥臂 1、3、5 的电流加起来，就可得到直流侧电流 i_d 的波形，如图 4-9 所示，可以看出 i_d 每隔 60° 脉动一次。

对输出电压进行定量分析。把输出线电压 u_{UV} 展开成傅里叶级数得：

$$u_{UV} = \frac{2\sqrt{3}U_d}{\pi}\left(\sin\omega t - \frac{1}{5}\sin5\omega t - \frac{1}{7}\sin7\omega t + \frac{1}{11}\sin11\omega t + \frac{1}{13}\sin13\omega t - \cdots\right)$$

$$= \frac{2\sqrt{3}U_d}{\pi}\left[\sin\omega t + \sum_n \frac{1}{n}(-1)^k \sin n\omega t\right]$$

式中，$n = 6k \pm 1$，k 为 1，2，3，4，…

输出的线电压为：

$$U_{UV} = \sqrt{\frac{1}{2\pi}\int_0^{2\pi} u_{UV}^2 \mathrm{d}\omega t} = 0.816U_d$$

基波幅值 U_{UV1m} 和基波有效值 U_{UV1} 分别为：

$$U_{UV1m} = \frac{2\sqrt{3}U_d}{\pi} = 1.1U_d, U_{UV1} = \frac{U_{UV1m}}{\sqrt{2}} = \frac{\sqrt{6}}{\pi}U_d = 0.78U_d$$

4.2.4.2 三相电流源型逆变器

三相电流源型逆变器的电路拓扑结构如图 4-10 所示，直流输入电源是一个恒定的直流电流源，将矩形电流注入负载，电压波形则在负载阻抗的作用下生成，其基波频率由开关序列决定。该电路由 6 个功率开关器件和 6 个阻断二极管以及直流恒流电源和浪涌吸收电容等构成，由于在直流输入侧串联了大电感 L，减小了直流电流的脉动，当开关器件开关动作和切换时，都能保持电流的连续稳定。电路的开关动作方式是 $120°$ 导通，即每一个臂每周期内导通 $120°$，按 VT_1 到 VT_6 的顺序每隔 $60°$ 依次导通。这种工作模式下，每个时刻上桥臂组中的三个臂和下桥臂中的三个臂都各有一个臂导通。换流时，是在上桥臂组内和下桥臂组内依次换流，又称横向换流。

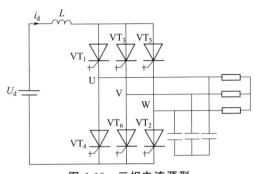

图 4-10　三相电流源型逆变器的拓扑结构图

对于此电流型逆变电路而言，每相开关器件可以有 4 种工作状态：①上桥臂导通，输出相电流为正；②下桥臂导通，输出相电流为负；③上下桥臂均不导通，输出相电流为零；④上下桥臂均导通，输出相电流仍为零。虽然每相的工作状态有 4 种，但就输出相电流而言只有 3 种逻辑状态，称为 3 逻辑工作模式。

图 4-11 所示的是输出电流为方波时，三相电流源型逆变电路三逻辑方式的工作波形。输出的线电压波形和负载性质有关，u_{UV} 大体为正弦波，但叠加了一些脉冲。这是因为在器件换流过程中为保证换流连续，引入了叠流时间，即让要开通的器件提前开通，要关断的器件滞后关断，导致引入了低次谐波，造成了电流和电压的畸变。

三相电流源型逆变器工作在方波状态时，不会出现同一相上下桥臂直通现象。但当电流型逆变器工作在 PWM 状态时，同一相上下桥臂直通现象就会出现，而且这些直通时刻恰好出现在换流时刻，可能造成换流上的混乱。因此为解决这一问题，在电路拓扑上再加入一个桥臂，如图4-12所示，为直流侧电感提供续流通道，可以有效降低叠流时间对输出电流的影响。

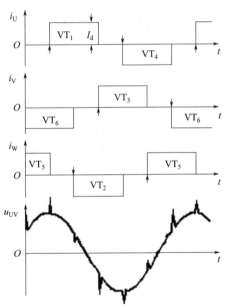

图 4-11　电流源型三相桥式逆变电路的输出波形

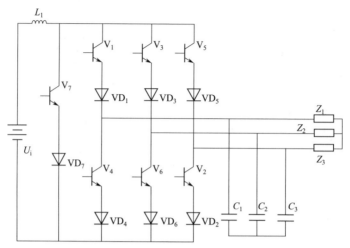

图 4-12　有续流支路的电流源型三相逆变器电路原理图

4.3　光伏并网逆变器

作为并网型光伏系统能量控制和转换核心的光伏并网逆变器将太阳能电池组件输出的直流电转换为符合并网要求的交流电，并将其接入公共电网。其具体的电路拓扑结构众多，按照输入侧电源性质的要求，可分为电压源型逆变器和电流源型逆变器，结构如图 4-13 所示。电压源型逆变器直流侧为电压源，或并联有大电容相当于电压源，直流侧电压基本无脉动；而电流源型逆变器直流侧串联大电感，相当于电流源，直流侧电流基本无脉动，但此大电感会导致系统动态响应差，为此目前全球范围上主流的并网逆变器多采用电压源型逆变器，这里也就电压源型逆变器进行讨论。

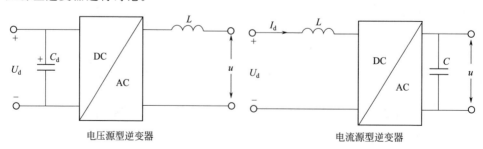

图 4-13　按输入电源性质分类的并网逆变器结构图

根据有无隔离变压器，光伏并网逆变器可分为隔离型和非隔离型，具体分类见表 4-1。

表 4-1　光伏并网逆变器分类

并网光伏逆变器			
隔离型光伏并网逆变器		非隔离型光伏并网逆变器	
工频隔离型	高频隔离型	单级非隔离型	多级非隔离型

以下主要以此分类谈论不同机构的基本工作方式。

4.3.1　隔离型光伏并网逆变器

在隔离型光伏并网逆变器中，根据隔离变压器的工作频率，将其分为工频隔离型和高频隔离型两类。

4.3.1.1　工频隔离型并网逆变器结构

工频隔离型是在光伏并网逆变器中最常用的结构，也是最早发展和应用市场最广的光伏逆变器结构，如图 4-14 所示，采用了一级 DC-AC 主电路。该电路结构将光伏阵列输出的直流电经工频或高频逆变器转化成 50Hz 的交流电能，再经工频变压器以及输入、输出滤波器最终输入电网。该电路结构简洁，光伏阵列的直流输入电压的匹配范围宽，且具有双向功率流、单相功率变换（DC-LFAC）、变换效率高和体积大、质量大、音频噪声大的特点。由于变压器的隔离作用，一方面，能够保证不会向电网注入直流侧分量，有效防止配电电压器的饱和和对公共电网的污染；另一方面，可以有效地防止当人接触到光伏侧电路时，公共电网通过电路桥臂对人造成伤害，提高了系统的安全性。

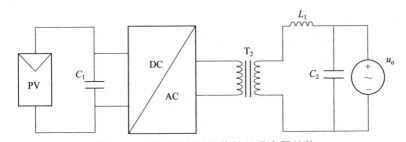

图 4-14　工频隔离型光伏并网逆变器结构

工频隔离型并网逆变器可以由方波、阶梯波合成、脉宽调制等逆变器来实现，其拓扑族包括推挽式、推挽正激式、半桥式、全桥式等电路，如图 4-15 所示。

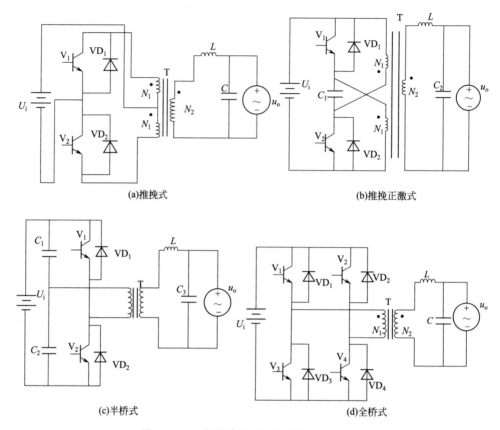

(a)推挽式   (b)推挽正激式

(c)半桥式   (d)全桥式

图 4-15　工频隔离型并网逆变器拓扑结构

工频隔离型光伏并网逆变器是目前市场上使用较多的光伏逆变器类型，随着并网逆变器技术的发展，在保留工频逆变器的基础上，为解决其体积及质量大和噪声等问题，高频并网逆变器应运而生。

4.3.1.2　高频隔离性并网逆变器结构

高频光伏并网逆变器电路中采用了高频的变压器，其体积和质量小，噪声低，克服了工频变压器的主要缺点，电路结构如图 4-16 所示。太阳能阵列输出直流电由高频变压器转化为高频电压，经高频变压器隔离、转换、电压比调整，再经过高频交流到低频交流的变换，将传输的低频电流电传送到电网中。其中高频交流到低频交流的变换可以是高频整流器和极性反转逆变桥的级联，也可以是周波变换器。

高频光伏并网逆变器的拓扑族包括推挽式、推挽正激式、半桥式和全桥式、单管正激式、并联交错单管正激式、双管正激式、并联交错双管正激式等。以全桥式电路为例分析光伏高频隔离式并网逆变器的工作原理，如图 4-17 所示。高频逆变器采用电力晶体管 $V_1 \sim V_4$，其缓冲电容为 $C_1 \sim C_4$，极性反转逆变桥采

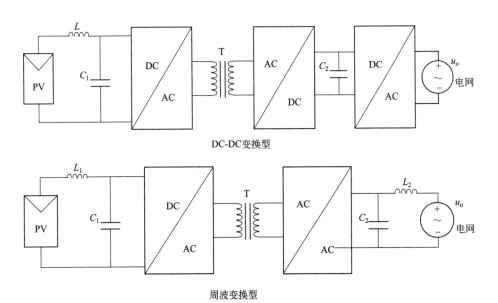

图 4-16　高频隔离型光伏并网逆变器结构

用晶闸管 $VT_1 \sim VT_4$ 构成的电网环流逆变器。通过对占空比 $D = t_{on}/T$ 的控制，就可以控制滤波电感电流 I_L。

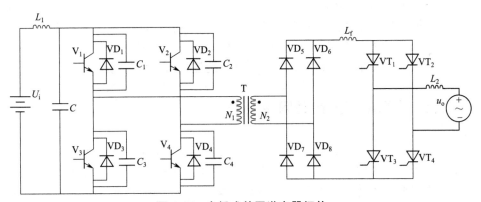

图 4-17　全桥式并网逆变器拓扑

电路的工作过程为：设电路已经进入稳定的工作状态，当功率开关 V_2、V_3 导通时，电感 L_f 中的电流 I_{Lf} 增加，增加斜率为 $(U_i N_2/N_1 - u_o)/L_f$，由于变压器漏感 $L_1 + L_2 \ll L_f$，忽略不计；当 I_{Lf} 上升到限定值时，功率开关 V_2 关断，V_4 导通；电流 I_{Lf} 流过整流侧四个电力二极管续流，以斜率 U_o/L_f 下降，变压器原边漏电流通过 V_3、V_4（VD_4）完成续流；之后功率开关 V_3 关断，变压器原边漏电流通过 VD_1、V_4（VD_4）续流，电源电压 U_i 施加到变压器一次侧漏感上，漏感电流迅速反向，电流 I_{Lf} 仍通过全桥整流器四个二极管续流；经过一段时间后，V_1开通，V_4仍导通，整流桥通过二极管换流，电流I_{Lf}以斜率$(U_i N_2 / N_1 - u_o)/L_f$上升。

只要不过多增加逆变器的定额，适当增加变压器的漏感能够确保续流二极管在其功率开关前导通，因而实现零电压开通；通过功率开关外并缓冲电容$C_1 \sim C_4$，可以显著减小功率开关的开关损耗，使得逆变桥有很小的开关损耗。

高频并网逆变器控制对象是电感电流I_{Lf}，因此这里采用了电感电流的瞬时值反馈控制，如图4-18所示。

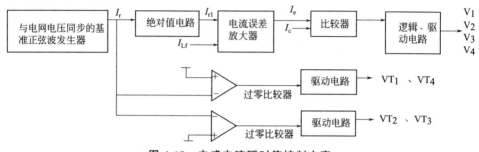

图4-18　电感电流瞬时值控制方案

与电网电压同步的基准正弦信号I_r的绝对值信号作为电流基准信号I_{r1}；将电感电流反馈信号I_{Lf}与I_{r1}比较，经电流误差放大器后得到的信号I_e与三角载波I_c交截，即可获得高频逆变功率开关$V_1 \sim V_4$的SPWM开关调制信号，从而得到与电网电压绝对值同步的电感电流I_{Lf}；继而调节占空比D，即可获得I_{Lf}的稳定与调节。此外，I_r经两个过零比较器以后，获得极性反转逆变桥VT_1和VT_4、VT_2和VT_3的驱动信号，将滤波电感的能量送入公共电网。

4.3.2　非隔离型光伏并网逆变器

非隔离型光伏并网逆变器省去了笨重的工频变压器，该方式在成本、尺寸、重量及效率等方面均占优势，使得这种逆变器结构具有很好的发展前景。一般而言，非隔离型光伏并网逆变器分为单级型和多级型两种。与隔离型逆变器相比，非隔离型逆变器具有体积小、成本低、效率高等优点，但由于输出与输入之间没有隔离，光伏模块存在一个较大的对地寄生电容，从而导致较大的对地漏电流，此漏电流会严重影响逆变器工作模式，也可能引发安全事故。

4.3.2.1　单级非隔离型并网逆变器

单级非隔离型并网逆变器如图4-19所示，只用一级DC-AC变换就完成了并网功能，其结构简单、所需元器件少、体积小、功耗低、稳定性高等优点使其成为了研究热点。

单级并网逆变器根据输入电压和输出电压的关系，可以分为以下三种结构：Buck逆变器、Boost逆变器及Buck-Boost逆变器。其中Buck-Boost逆变器市场

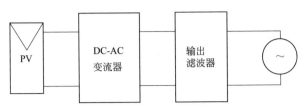

图 4-19　单级非隔离型并网逆变器

应用颇为广泛，如图 4-20 所示为 Buck-Boost 光伏并网逆变器主电路拓扑。

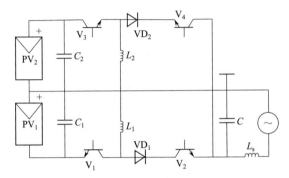

图 4-20　Buck-Boost 光伏并网逆变器主电路拓扑

　　这种基于 Buck-Boost 的逆变电路为一个四开关非隔离型半桥逆变器，由两组光伏阵列和 Buck-Boost 型斩波器组成，由于采用了斩波器，因此不必安装变压器即可适应较宽的光伏阵列输出电压并满足并网要求。其将输入端的光伏电源分成两部分，分别为两组 Buck-Boost 电路供电，两个 Buck-Boost 电路交替工作，每次工作半个电网电压周期。它消除了在电网正、负半周期内工作不对称的缺点。另外，在每半个周期内高频工作的开关管只有两个，从而具有开关损耗低、电磁干扰弱和可靠性高等优点。但是，该拓扑结构存在着光伏模块利用率低与由直流滤波电容造成的体积增大等不足。

　　对 Buck-Boost 逆变器的工作原理分析：假设逆变器处于稳定工作状态，当交流电网处在正半周期时，电力晶体管 V_2 始终导通，V_1 处于高频工作状态，V_1 导通时，PV_1 向 L_1 供电，光伏阵列能量流入 L_1，电容 C 与工频电网并联，V_1 关断时，L_1 中的电流通过 VD_1、V_2 和 L_s 向电网回馈；当交流电网处在负半周期时，电力晶体管 V_4 始终导通，V_3 处于高频工作，V_3 导通时，光伏阵列能量流入 L_2，PV_2 向 L_2 供电，V_3 关断时，L_2 中的电流通过 VD_2、V_4 和 L_s 向电网回馈，只是前后极性相反。

4.3.2.2　多级非隔离型并网逆变器

　　对于传统的非隔离式光伏并网系统来说，光伏阵列的输出电压应当时时大于电网峰值电压，所以需要太阳能电池组件的串联来提高阵列的输出电压。然而由于太阳能的输出能量会由于云层遮蔽等因素，使得光伏阵列输出电压严重跌落，无法保证阵列的输出电压在任意时刻都大于公共电网侧的电压峰值，而且只通过一级变换很难同时实现最大功率跟踪和并网逆变两个功能。上述的 Buck-Boost 逆变电路虽然很好地解决了这一问题，但是两组光伏组件是交替工作的，因此可以采用多级非隔离型光伏并网逆变器来克服这一不足。

通常多级非隔离型光伏并网逆变器的拓扑结构如图 4-21 所示，包括了前级的 DC-DC 直流-直流变换电路和后级 DC-AC 逆变电路。对于 DC-DC 变换电路来说，Buck 和 Boost 的转换效率最高。而由于 Buck 斩波电路是降压变换电路，无法升压，故要实现阵列输出电压在升压后并入电网，更多的是采用升压变换的 Boost 电路，从而满足光伏阵列工作在较宽的电压范围内，从而使直流侧光伏组件的适配更加灵活；并且通过合适的控制方式可以使 Boost 变换电路的输入侧电压波动很小，能够提高最大功率的跟踪精度；又由于 Boost 电路结构与逆变器的下桥臂共同接地，电路的驱动相当简单。

图 4-21　多级非隔离型光伏并网逆变器结构图

基于 Boost 多级非隔离型光伏并网逆变器的主电路拓扑如图 4-22 所示。该电路的后级由全桥逆变电路组成，前级采用 Boost 直流-直流变换对光伏系统升压，保证直流电压波动在系统允许范围之内，同时实现 MPPT 功能。后级采用 PWM 调制使其以单位功率因数进行并网。该电路的前后级电路均已经发展成熟，简单可靠，前后级控制分离，大大简化了算法，易于实现。

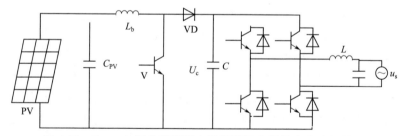

图 4-22　Boost 多级非隔离型光伏并网逆变器的主电路拓扑图

分析其工作原理：对于前级 Boost 直流-直流转换电路来说，令全控器件 V 的开关周期为 T_s，占空比为 D。电力晶体管 V 导通时段为 t_{on}，即 $0 < t < DT_s$，此时，二极管 VD 反偏截止，光伏阵列的直流电压 U_d 输出给电感 L_b 储能，电容 C 向后级电路供电；当 V 处在关断时段 t_{off}，即 $DT_s < t < T_s$ 时，二极管 VD 导通，电感 L_b 和光伏阵列共同向后级供电，同时给电容 C 充电，电压为 U_o。考虑到电感 L_b 在一个周期内电流平衡，有：

$$U_{\mathrm{o}} = \frac{t_{\mathrm{on}} + t_{\mathrm{off}}}{t_{\mathrm{off}}} U_{\mathrm{d}} = \frac{U_{\mathrm{d}}}{1 - D}$$

即：

$$U_{\mathrm{o}}(1 - D) = U_{\mathrm{d}}$$

D 为介于 0 和 1 之间的数字，则变换器的输出电压 U_{o} 大于前级阵列输出电压 U_{d}，从而完成了升压变换功能。

后级的全桥逆变电路通过图 4-23 所示的载波反相单极性倍频的 PWM 调制方式，所谓载波反相调制方式，就是采用两个相位相反而幅值相等的载波与同一调制波相比较的 PWM 调制方式。通过两桥臂的载波反相单极性倍频调制，使得各桥臂的输出电压具有瞬时相移的二电平 SPWM 波，而单相桥式电路的输出电压为两桥臂支路输出电压差。显然，两个具有瞬时相移的二电平 SPWM 波相减，就可以得到一个三电平的 SPWM 波。而该三电平 SPWM 波的脉冲数比同载波频率的双极性调制 SPWM 波和单极性调制 SPWM 波的脉冲数增加一倍。

载波反相单极性倍频的 PWM 调制方式可以减少开关损耗，又能够在开关损耗一定的情况下，使得输出的 SPWM 波脉动频率是常规单极性方式的两倍，这样，电路输出的等效开关频率增加一倍，且与双极性调制相比，单极性倍频调制方式具有较小的谐波分量。对于单相桥式电压型逆变电路来说，单极性倍频调制方式性能更优。

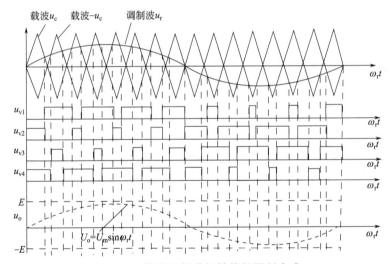

图 4-23　载波反相单极性倍频调制方式

习 题

一、填空题

1. 根据逆变器主回路拓扑结构不同，可分为 _____、_____、_____ 和 _____ 等。

2. 逆变器保护功能应具有 _____、_____、_____、_____、_____、_____ 和 _____ 等。

3. 逆变器通常根据其输出波形分为 _____、_____ 和 _____。

二、名词解释

工频隔离型逆变器　高频隔离型逆变器

三、问答题

1. 逆变器基本结构是什么？

2. 逆变器的工作原理是什么？

第5章
光伏发电控制系统

由于光伏电池阵列具有强烈的非线性特性，为保证光伏电池阵列在任何日照和环境温度下始终都可以输出相应的最大功率，需要加入光伏系统控制器。一般在光伏控制系统中引入最大功率点跟踪（MPPT）控制，本章将详细讲解 MPPT 控制系统。

5.1 光伏发电控制系统概述 <<<

太阳能光伏发电系统一般包括光伏电池组件、DC-DC 变换装置、储能装置、逆变器、控制器五大部分，如图 5-1 所示。

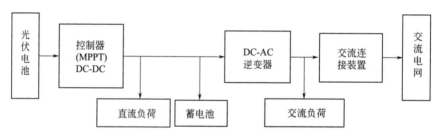

图 5-1 光伏发电系统组成

光伏控制系统虽然仅是整个光伏系统的一个构成部分，但是却起着至关重要的作用。控制系统是整个光伏发电系统的"大脑"，控制着光伏发电系统从吸收太阳能到转换为电能最终将电能分配供给负载使用的整个过程。光伏控制系统可以通过闭环控制实现光伏发电系统工作在安全、稳定的状态下，还可以通过一定的软件控制实现光伏系统的最大功率输出。一个合理高效的光伏控制系统，不仅能够提高太阳能的利用效率，还能降低发电成本。因此，光伏系统控制器应具有如下的功能：对太阳能的最大功率点进行跟踪，对太阳方位和高度进行跟踪，对蓄电池充放电的控制，对蓄电池进行保护以及对太阳能电池进行保护等。

随着光伏并网发电系统的不断发展和广泛应用，如何提高其发电效率及并网电流质量也成为了近年来研究的热点问题。本章所要讨论的光伏发电系统控制技术主要包括太阳能跟踪控制、最大功率点跟踪控制和孤岛效应及检测等内容。

5.2　太阳能跟踪控制　<<<

　　太阳能跟踪控制即通过控制太阳能电池板的转动方向，使太阳能电池板时刻正对太阳，从而吸收更多的太阳能，以提高太阳能光伏组件的发电效率。

　　由于地球的自转，一年春夏秋冬四季、每天日升日落，太阳的光照角度时时刻刻都在发生变化，相对于某一个固定地点的太阳能光伏发电系统，如果能够有效地保证太阳能电池板时刻正对太阳，光伏发电系统的效率就会达到最佳状态。

5.2.1　太阳能跟踪控制方式

　　当前，各种类型的太阳能跟踪控制系统，可以分为两类：机械跟踪系统和电控跟踪系统。机械跟踪系统一般为压差式，电控跟踪系统可分为光电传感式跟踪控制系统和视日运动轨迹跟踪系统。下面分别对这些系统作简要的介绍：

　　（1）压差式跟踪

　　压差式跟踪是指当入射太阳光发生偏斜时，密闭容器的两侧由于受光面积不同，会产生一定的压力差，在压力差的作用下，跟踪装置会重新对准太阳。根据密闭容器内所装介质的不同，压差式跟踪又可分为重力差式、气压差式和液压式。

　　系统的基本工作原理是：跟踪系统没有对准太阳即太阳能光线没有垂直照射到系统时，系统内部密闭容器两侧受光面积不同，介质会因光照的不同发生相应的物理变化，产生不同的压力，从而在两侧形成压力差。在这种压力差的作用下，跟踪控制系统做相应方向的运动，重新调整，直到两侧的压力相同。此时，容器两侧受光相同，系统对准到太阳。根据密闭容器里存储的介质，可以将压差式太阳能跟踪系统分为液压差式、气压差式、重力差式等。这类跟踪控制系统结构简单，造价较低，不用电子控制部分和外部电源，为纯机械控制系统。但该系统有局限性，一般只能用于单轴跟踪系统，跟踪精度很低。因此，此系统仅在一般用户的低需求时采用。

　　（2）光电传感式太阳能跟踪控制

　　光电传感式太阳能跟踪控制系统采用光敏硅光电管、硅光电池等元件，常见的光电器件有光电池、光敏二极管和光敏三极管。目前国内较常用的光电跟踪系统有电动式、重力式、电磁式。这些光电跟踪控制系统都采用光敏元件作为传感器。在这类跟踪控制系统中，传感器一般安装在采光板上或固定的位置，通过电机的转动来调整采光板的位置使采光板正对太阳。当太阳向西移动时，采光板也跟着偏移，光电传感器因受到阳光照射会输出一定值的电压或电流，作为输入信号，经放大电路放大，由电机转动调整太阳能采光板的角度使跟踪系统对准太阳。光电传感器式跟踪具有灵敏度高、反应快等优点，机械结构设计相对简单，但容易受天气的影响，若出现阴天或云遮住太阳的情况，太阳光线经过散射，就会导致跟踪控制系统无法对准太阳实际的位置，甚至引起执行机构的误动作，使跟踪失败。

（3）视日运动轨迹跟踪控制

视日运动轨迹式跟踪根据跟踪系统的轴数，可分为单轴和双轴两种。单轴追踪：①倾斜布置东西追踪；②焦线南北水平布置，东西追踪；③焦线东西水平布置，南北追踪。这三种方式都是单轴转动的南北向或东西向追踪，工作原理基本相似。跟踪系统的转轴（或焦线）南北向布置，根据事先计算的太阳赤纬角的变化，柱形抛物面反射镜绕转轴作俯仰转动追踪太阳。采用单轴跟踪方式，一天之中只有正午时刻太阳光与柱形抛物面的母线相垂直，此时热流最大；而在上午或下午太阳光线都是斜射的。单轴追踪的优点是结构简单，但是由于入射光线不能始终与主光轴平行，收集太阳能的效果并不十分理想。

双轴跟踪是指在太阳高度和赤纬角的变化上都能够跟踪太阳。双轴跟踪又可以分为两种方式：极轴式全跟踪和高度角-方位角式全跟踪。

极轴式全跟踪是指聚光镜的一轴指向地球北极，即与地球自转轴相平行，故称为极轴；另一轴与极轴垂直，称为赤纬轴。工作时反射镜面绕极轴运转，其转速的设定与地球自转角速度大小相同方向相反，用以追踪太阳的视日运动；反射镜围绕赤纬轴作俯仰转动是为了适应赤纬角的变化，通常根据季节的变化定期调整。极轴式全跟踪方式并不复杂，但在结构上反射镜的重量不通过极轴轴线，极轴支承装置的设计比较困难。

高度角-方位角式太阳能跟踪又称为地平坐标系双轴跟踪。当集热器的方位轴垂直于地平面时，另一根轴与方位轴垂直，称为俯仰轴。光伏系统工作时集热器根据太阳的视日运动绕方位轴转动改变方位角，绕俯仰轴作俯仰运动改变集热器的倾斜角，从而使反射镜面的主光轴始终与太阳光线平行。这种跟踪系统的特点是跟踪精度高，而且集热器装置的重量保持在垂直轴所在的平面内，支承结构的设计比较容易。

目前，现有的太阳能收集装置大都是固定朝向天空的角度，光伏系统设计人员需要计算出当地一个最佳的角度以便实现尽可能最大化收集利用太阳能。由于实际中太阳高度角随时间不断地变化，因此光伏系统中采用太阳跟踪装置能够极大地提高太阳能的利用率。

5.2.2 太阳能跟踪控制类型

太阳能跟踪控制根据控制类型，可分为几大类，一类为开环控制，另一类为闭环控制，此外还有结合两者的混合控制。

开环控制在控制理论中是指一类没有反馈的控制。这类控制是基于时间的控制方式，不需要使用传感器对光照强度进行采样，而是基于当地经度和纬度的信息，根据一天中不同的时间对太阳能电池板进行调整，以达到跟踪太阳的目的。开环跟踪控制是建立在一天中任何时刻的太阳位置是确定的基础上的。这种计时方式是假设地球绕太阳转动的轨迹为标准的圆形，以方便时间的计算。但实际上由于地球绕太阳转动的轨迹是椭圆形，一年之中的地日距离是在不断改变的，因此假设地球绕太阳转动的轨迹为标准圆形进行计算是存在一定误差的。

闭环控制是指相对开环控制而言，带有反馈的控制方式，这类控制是基于光敏传感器进行控制的。控制系统通过传感器检测得到某时刻太阳光的强度，再根据不同的天气条件调整太阳能电池板的方向以达到所要对准的目标。一种简单的太阳能跟踪闭环控制方法是，用光敏元件测试正面的光强，不断在一个方向上（东西或南北）调整面板的角度，每次往同一方向旋转一小角度，当测得的光强不断加强时，则旋转方向是正确的。当测得的光强突然由增加变为减小时，则反方向往回旋转相同角度，此时面板在该方向上对准太阳。这种跟踪控制的一大缺陷在于，若在跟踪周期中如果有遮蔽物出现，就有可能导致定位出现错误，从而影响后续的跟踪定位的准确性。为了克服这一问题，需要进行双向的跟踪，也就是不但需要在一个方向进行搜索，还需要对其反方向进行搜索，这就增加了计算的复杂度，并且需要额外的能耗。

5.3 MPPT 控制算法

5.3.1 MPPT 控制概述

在太阳能光伏发电系统中，光伏电池组件是最基本的构成部分。若要提高整个光伏系统的效率必须要提高光伏电池的转换效率，因此希望光伏电池工作在最大功率点上，最大限度地将光能转化为电能。为了充分地运用太阳能，通过一定的控制方法，实现太阳电池组件的最大功率输出称为最大功率点跟踪（MPPT，Maximum Power Point Tracking）控制。

光伏电池最大功率点跟踪控制实际上是通过光伏电池的输出端口电压的控制来实现最大功率的输出。MPPT 控制实质上是一个自动寻优的过程，通过在光伏电池和负载之间加入阻抗变换器，控制光伏电池端电压，使变换后的工作点正好和光伏电池的最大功率点重合。

光伏发电系统中，光伏电池的输出功率由多种因素决定，如太阳光照强度、环境温度。在不同的环境中，光伏电池的输出曲线不同，相应的最大功率点也不同。日照越强，光伏电池能够输出的功率越大；光伏电池本身温度越高，光伏电池输出功率越小。在特定日照强度和温度条件下，光伏电池具有唯一的最大输出功率点，而光伏电池只有工作在最大功率点才能使其输出的有功功率最大。

图 5-2 中，取不同负载，即 $R_1 < R_2 < R_3$。当负载为 R_1 时，光伏电池阵列工作在 A 点；负载为 R_2 时，光伏电池阵列工作在 B 点；负载为 R_3 时，光伏电池阵列工作在 C 点。点 B 对应光伏电池阵列的最大功率点。由此可知，为能使光伏电池阵列工作在最大功率点，负载电阻必须为 R_2。在一定日照强度和温度条件下，根据戴维南定理，光伏电池阵列工作的等效电路如图 5-3 所示。

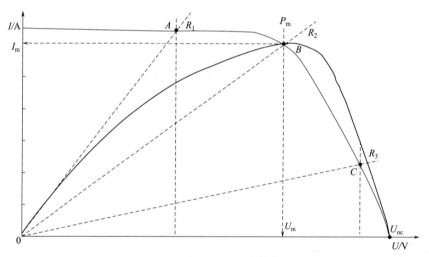

图 5-2　不同负载时太阳能电池工作特性

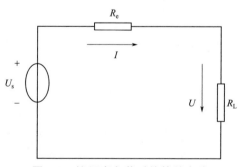

图 5-3　接任意负载时的等效电路

为使系统带任意电阻负载时，光伏电池阵列都能工作在最大功率点，必须在负载和光伏电池阵列之间加入一个阻抗变换器。调节阻抗变换器，使负载电阻与等效内阻相匹配，光伏电池阵列输出功率最大，其简化示意图如图 5-4 所示。

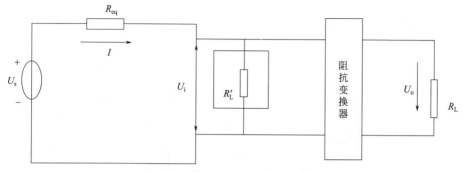

图 5-4　带阻抗变换器的等效电路

设阻抗变换器的效率为 1，其变比 $K = U_i/U_o$，可以得出 $R'_L = K^2 R_L$，为了使光伏电池阵列工作在最大功率点上，必须调节变比 K 使得 $R'_L = R_{eq}$，从而实现最大功率输出。光伏发电系统中的阻抗变换器一般采用调节变换器开关管的占空比来调节变比 K，从而实现光伏电池阵列 MPPT 控制。

5.3.2　典型 MPPT 控制算法

目前，关于光伏系统的最大功率点跟踪算法有多种，使用不同的控制算法在其实现的复杂程度及效果上是有较大差异的。依据判断方法和准则的不同可将传统的 MPPT 方法分为开环和闭环 MPPT 方法。

目前常用的最大功率点跟踪控制方法主要有：恒定电压跟踪法、干扰观察法、电导增量法、间歇扫描法等。根据光伏电池的输出特性，在传统干扰观察法的基础上，提出了与闭区间套相融合的干扰观察法。

（1）恒定电压跟踪法

恒定电压法，即 CVT（Constant Voltage Tracking），是一种最简单的最大功率跟踪法。图 5-5 为光伏电池的 $U\text{-}I$ 特性曲线图。

其中，负载特性曲线 L 与伏安特性曲线的交点 A、B、C、D、E 为光伏阵列的工作点，而 A'、B'、C'、D'、E' 为最大功率点。还可以看出，当光伏电池温度一定时，其输出 $P\text{-}U$ 曲线上最大功率点电压几乎分布在一个固定电压值的两侧。为最大限度地提高光伏阵列的发电效率，尽量使其工作在最大功率点附近。从电路的匹配角度看，需要一个阻抗变换器，调节等效内阻，设法将工作点 A、B、C、D、E 移至光伏阵列伏安特性曲线的最大功率点 A'、B'、C'、D'、E' 处。因此，恒定电压跟踪法思路，即是将光伏电池输出电压控制在最大功率点电压处，使光伏电池近似工作在最大功率点处。

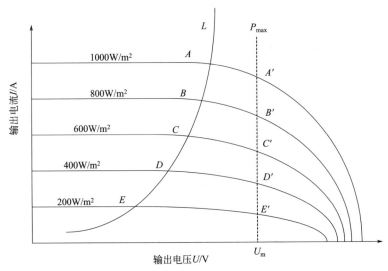

图 5-5　光伏电池的 *U-I* 特性曲线

采用 CVT 控制的优点是系统工作电压稳定性较好，而且控制简单，易于实现。该方法也有明显的缺点，其最大功率点跟踪精度差，当系统外界环境条件改变时，对最大功率点变化适应性差，系统工作电压的设置对系统工作效率影响大。当温度保持不变时，光伏电池的最大功率点电压一般都在开路电压的 80% 左右，这样就可以忽略温度对开路电压的影响。但是每当环境温度升高时，光伏电池的开路电压就会下降，因温度变化而带来的能耗不容忽视，也是恒定电压跟踪法无法克服的问题。

为克服这个问题给系统带来的影响，可以在上述方法的基础上进行以下改进：

① 对给定 U_m，通过电位器，按季节进行手动调节。这种办法虽然不够精确，且需要人工干预，但是具有简单易实现的优点。

② 事先将不同温度下测得的 U_m 值存储于微处理器中，微处理器根据实际运行情况，通过阵列上的温度传感器获取阵列温度，再通过查表确定当前的 U_m 值。此方法能够自动调节 U_m，但由于存入的数值是固定的，在设备状态有变化时将会出现较大的误差。

（2）干扰观察法

干扰观察法，简称 P&O 法（Perturbation and Observation Method）。它是根据光电池阵列的 *P-U* 输出，引入小的变量，观察后进行结果比较和分析，根据比较所得出结果对光伏电池的工作点进行调节。光伏电池的输出 *P-U* 曲线是一个单峰值的函数曲线，曲线的极值对应其最大功率点，如图 5-6 所示。

通过改变光伏电池阵列的输出电压，并实时采样输出电压和电流，计算输出功率，然后与前一次所得的功率相比较。如果大了，说明扰动方向是正确的，维持原来的方向；如果比原来的功率小了，说明输出功率降低了，应使光伏电池的输出电压减少，如此反复地扰动、观察比较，使光伏电池阵列最终工作在最大功率点上。

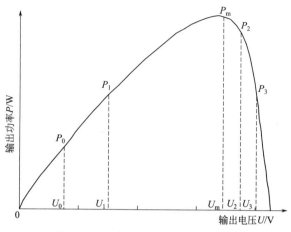

图 5-6　光伏电池的 P-U 特性曲线

具体工作过程是在 DC-DC 电路开始工作前，检测光伏电池的开路电压，一般取其开路电压的 80% 左右作为跟踪电压，光伏电池此时工作在最大功率点附近。当光伏电池的开路电压为 U_0 时，其输出功率为 P_0，选一个小的变量 ΔU，改变其工作电压为 U_1，光伏电池的输出功率变为 P_1，比较 P_0 和 P_1 的大小，取 $\Delta P = P_1 - P_0$。当 $\Delta P/\Delta U = 0$ 时光伏电池阵列工作在最大功率点上；若不为 0，当 $\Delta P/\Delta U > 0$ 时，最大功率点的工作电压应该在右边，保持扰动方向（$U = U_0 + \Delta U$）；当 $\Delta P/\Delta U < 0$ 时，情况相反，改变扰动方向（$U = U_0 - \Delta U$）。为了实现最大功率点的跟踪控制，必须通过改变开关管的占空比来改变光伏电池阵列的输出电压，从而使其实现 $\Delta P/\Delta U = 0$，来控制其工作点在最大功率输出点上。干扰观察法程序流程如图 5-7 所示。

干扰观察法的最大优点就是结构简单，被测参数少，容易实现。

干扰观察法的缺点：

① 光伏电池阵列在最大功率点附近振荡运行，导致一定的功率损失。

② 跟踪步长对跟踪精度和跟踪速度无法同时兼顾，如果跟踪步长过小，这样跟踪的速度就必定缓慢，光伏电池阵列就有可能长时间工作在低功率输出区内，但是步长过大，又可能加大最大功率点附近的振荡，使跟踪精度下降。

③ 在外部环境突然变化时会出现误判现象。如图 5-8 所示，当环境温度为 $25\,℃$，日照强度为 $600\,\mathrm{W/m^2}$ 时，光伏电池工作在 P_4 点上，如果环境温度没有变化，日照强度突然由 $600\,\mathrm{W/m^2}$ 上升到 $800\,\mathrm{W/m^2}$，这样电压扰动后计算出的功率比前一次大，继续向减少的方向扰动，太阳能光伏电池改变工作点后运行在 P_3 点上，而实际上应该增加电压，运行在 P_1 点上，所以就发生了误判。

（3）电导增量法

电导增量法（Incremental Conductance）是最大功率点跟踪控制中常用的算

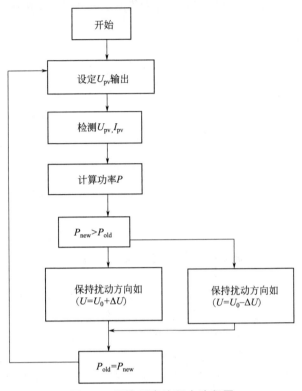

图 5-7　干扰观察法程序流程图

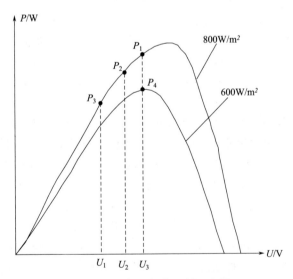

图 5-8　干扰观察法误判示意图

法之一，通过比较光伏阵列的瞬时电导和电导的变化量来实现最大功率跟踪。从

图 5-6 可以看出光伏电池特征，在最大功率点处的斜率为零，所以有：

$$P_{\max} = UI \tag{5-1}$$

$$\frac{\mathrm{d}P}{\mathrm{d}U} = I + U\frac{\mathrm{d}I}{\mathrm{d}U} = 0 \tag{5-2}$$

$$\frac{\mathrm{d}I}{\mathrm{d}U} = -\frac{I}{U} \tag{5-3}$$

从式（5-3）中可以看出，$\dfrac{\mathrm{d}I}{\mathrm{d}U}$ 是电导的变化量，而 $\dfrac{I}{U}$ 是输出电导，当两者得数相反时，光伏阵列运行在最大功率点上。

电导增量法的程序流程图如图 5-9 所示。U_n、I_n 为检测到光伏阵列当前电压、电流值，U_{n-1}，I_{n-1} 为上一控制周期的采样值。读进新值后先计算电压之差，判断 $\mathrm{d}U$ 是否为零（因后面做除法时分母不得为零）；若不为零，再判断式（5-3）是否成立，如果成立则表示功率曲线斜率为零，达到了最大功率点；若电导变化量大于负电导值，则表示功率曲线斜率为正，U_r（参考电压）值将增加；反之 U_r 将减少。再来讨论电压差值为零的情况，这时可以暂不处理 U_r，进行下一个周期的检测，直到检测到电压差值不为零。

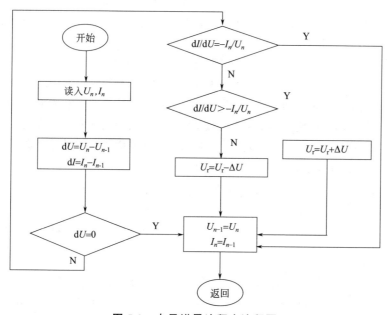

图 5-9　电导增量法程序流程图

电导增量法的优点是：控制效果好，控制稳定度高。在日照强度发生变化时，太阳能电池阵列输出电压能以平稳的方式追随其变化，而且当系统达到稳态时，其电压振荡比较小。

电导增量法的缺点：控制算法较复杂，对控制系统硬件要求较高。光伏电池阵列可能在局部存在一个最大功率点，从而导致系统稳定在这个局部的最大功率点上。电导增量法步长的变化也是固定的，这一点和干扰观察法很相似。步长过小的话，跟踪速度过于缓慢，而步长太大，又会加剧系统的振荡，跟踪的精度会受到很大的影响。增量电导法另一个缺点就是对硬件的要求较高，要求系统各部分的响应速度要快，同时要求传感器的精度要高。由于其控制算法的复杂，A/D转换就增加了难度，在 MPPT 的过程中，花费的时间就会增多，需要采用高速的微处理器来实现对跟踪控制系统的实时跟踪。

（4）间歇扫描跟踪法

间歇扫描跟踪法在一定的时间内扫描光伏系统的一段输出电压（开路电压的 $50\%\sim90\%$），记录不同电压下的输出功率，经过比较记录这些输出功率就可以方便、快速地得出最大功率点。

由于光伏阵列在一天的运行过程中，短时间内的工作点变化相对较小，结合光伏发电系统运行的实际情况，依照太阳能电池的输出特性曲线，首先缩小跟踪范围，在较短时间间隔内在其缩小的范围内扫描一次；每隔较长的时间间隔后，就对各工作点在整个跟踪范围内扫描一次。间歇扫描法的算法流程如图 5-10 所示。

图中，N 为长时间间隔与短时间间隔的倍数比；T_k 为扫描控制周期的当前值；T_{max} 为控制周期的最大值；T_{min} 为控制周期的最小值。

如果光照强度相对稳定，这样就延长扫描时间间隔，减少扰动的次数，从而使系统的稳定性得到提高，改善系统的控制性能。这样改进后的间歇扫描法，保持了系统原有的控制精度，还提高了系统运行的稳定性。

尽管改进后的间歇扫描法有效地提高了跟踪的控制精度，但是在记录和比较各个不同电压下所对应的输出功率值时，仍需要针对不同型号的光伏电池建立不同的数学模型，即电压、输出电流和功率关系的数学模型，导出最大功率的表达式。在实现的过程中需要精度很高的传感器对光照、温度进行采样，增加了控制器的成本。

（5）与闭区间套相融合的干扰观察法

① 闭区间套定理。若有闭区间列 $\{[a_n, b_n]\}$，且对任意 n 都有下列条件：

a. $[a_n, b_n] \supset [a_{n+1}, b_{n+1}]$。

b. $\lim\limits_{n\to\infty}(a_n-b_n)=0$，存在唯一数 l 属于任意一个闭区间 $[a_n, b_n]$，且 $\lim\limits_{n\to\infty}a_n=\lim\limits_{n\to\infty}b_n=l$。

先构造闭区间 $[a_n, b_n]$，且满足闭区间套定理条件 $[a_n, b_n] \supset [a_{n+1}, b_{n+1}]$。假定区间两端点的函数值是相反的，可以得到系统的函数值 $f(a_1)$，$f(a_2), f(a_3), \cdots f(a_n), \cdots, f(b_n) \cdots, f(b_2), f(b_1)$。假设 $f(x)$ 是单调增加的，有 $f(a_1) \leqslant f(a_2) \leqslant f(a_3) \leqslant \cdots \leqslant f(a_n) \leqslant \cdots \leqslant f(b_n) \leqslant \cdots \leqslant f(b_2) \leqslant f(b_1)$，于是可把 $f(a_1)$，$f(b_1)$ 作为第一个区间端点，$f(a_2)$ 和 $f(b_2)$ 作为第二个区间端点，$\cdots\cdots$，$f(a_n)$ 和 $f(b_n)$ 作为第 n 个区间端点，这样设计正好满足闭区间套的第一个定理，又因为 $f(x)$ 在闭区间 $[a_n, b_n]$ 是连续的，且 $0\leqslant\lim(b_n-a_n)\leqslant0$，从而可以保证 $f(a_n)$ 和 $f(b_n)$ 的差是无限小

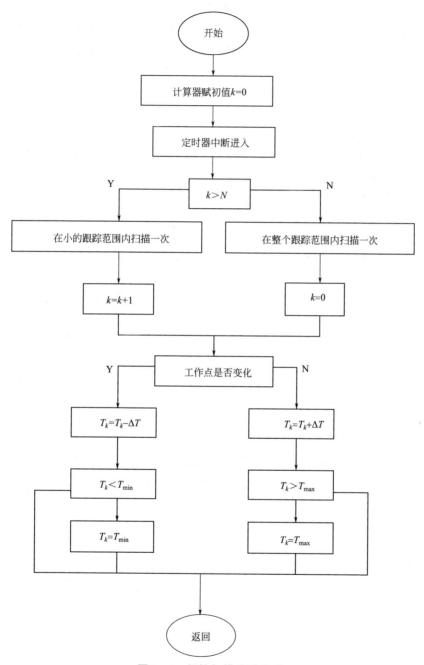

图 5-10　间接扫描法流程图

的，$\lim\limits_{n\to\infty} a_n = \lim\limits_{n\to\infty} b_n$，所得数值 $f(a_n)$ 和 $f(b_n)$ 又满足闭区间套定理第二个条件。

② 与闭区间套定理相融合的干扰观察法的工作原理。与闭区间套相结合的

干扰观察法的核心思想是在扰动的过程中不断改变步长。在主电路没开始工作前，给控制器指定一个固定的扰动步长，把给定的扰动步长分为 n 个区间，最大的区间为第 1 个区间，依次向内缩小范围，第 2 个区间，第 3 个区间，……，第 n 个区间。开始扰动时，取步长为 $n=1$ 的区间长度，在扰动的过程中，不断采样所需要的变量信息，比较采样到的结果，以此作依据来判断扰动方向，如果检测到扰动方向错误，改变原来的扰动方向，同时缩小扰动步长，取步长为 $n=2$ 的区间长度，沿着相反的方向进行扰动，直到再次检测到扰动方向错误，将步长确定在 $n=3$ 的区间长度，然后按照改变后的方向继续扰动，依次类推，改变方向后，步长确定在 $n+1$ 的区间长度，直到 n 为无穷大，扰动步长足够小时，光伏电池阵列就稳定在了最大功率点处。

③ 具体算法如下：首先设定参考电压 U_r 和扰动步长 ΔU 的初值，把扰动步长初值分为 n 个区间；然后取扰动步长为初始步长，开始扰动，检测扰动后光伏电池的输出电压 U 和电流 I，计算功率 P，与设定的功率做比较，计算出功率变化量 ΔP。若 $\Delta P>0$，则扰动方向不变，以 $n=1$ 的区间长度为扰动步长继续扰动；若 $\Delta P<0$，改变扰动步长，将扰动步长确定为 $n=2$ 区间的长度，扰动方向相反，继续采样光伏电池的输出电压 U 和电流 I，更新输出功率的值，计算 ΔP，来判断扰动方向。如此反复改变，直到 n 足够大，光伏电池阵列的工作点就会稳定在最大功率点处。该算法的程序流程图如图 5-11 所示。

此算法在控制过程中，每一个循环都改变步长，其步长为上一次扰动步长的 $(n-1)/n$。扰动方向改变时，这样可以获得比采用定步长的经典干扰观察法更高的精度，同时可以避免干扰观察法在最大功率点附近振荡，加强了系统工作的稳定性，提高了寻优速度。

当干扰观察法与闭区间套定理相结合时，改变了传统的定步长扰动法，有效地提高了跟踪速度和跟踪精度，而且在硬件上的要求不高，易于实现，可以避免传统的扰动法引起的误判现象。

（6）其他 MPPT 方法

① 滞环比较法。滞环比较法规避了扰动观察法中的种种弊端，避免了扰动观测法中的扰动误差以及误判现象。自然界中，光照强度并不会出现瞬时的快速变化，因此采用滞环比较法可以在光照强度快速变化时，直到光照强度达到一定程度的稳定才去跟踪移动工作点，实现了 MPPT 控制，避免了扰动带来的扰动误差和功率损失。

② 最优梯度法。最优梯度法是一种以梯度法（Gradient Method）为基础的多元无约束最优化问题的数值计算法。它的基本思想是选取目标函数的负梯度方向（对于光伏系统，可能需要选择正梯度方向）作为每步迭代的跟踪方向，逐步逼近函数的最小值（或最大值）。梯度法是一种传统且广泛运用于求取函数极值的方法，其运算简单，有着令人满意的分析结果。

③ 模糊逻辑控制。由于太阳光照强弱不定、光伏阵列温度时刻变化、负载

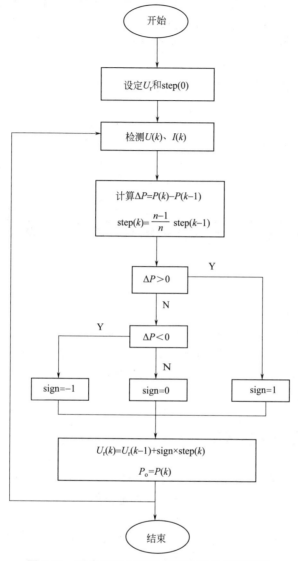

图 5-11　融合闭区间套干扰观察法程序流程图

时大时小以及系统输出特性的非线性，要实现最大功率点的准确跟踪需要考虑的因素是很多的。针对这样的非线性系统，可以应用模糊逻辑控制方法进行控制，并能够通过 DSP 比较方便地执行。

　　Fuzzy-PID 控制器是在 PID 参数预整定的基础上，利用模糊规则实时在线整定 PID 控制器的三个修正参数：K_p、K_i、K_d，为光伏发电实现最大功率跟踪的优化控制。模糊控制器以系统误差 e 和误差变化 Δe 为输入语句变量，因此它具有类似于常规 PID 控制器的作用。采用模糊控制器的系统可以获得良好的动态特性，但存在较大的无法消除的静态误差。根据线性控制理论：比例控制具有快速响应动态特性的作用；积分控制作用可以消除稳态误差，不过动态响应效果不是很好；那么比例积分控制作用不仅能获得较高的稳态精度，又能具有较高的动态响应。因此，将 PID 控制策略与模糊控制器结合起来，构成模糊 PID 控制，可以有效地改善模糊控制器的稳态性能。

使用模糊控制法进行 MPPT 控制非线性光伏系统，具有较好的动态特性，并且鲁棒性好，具有十分广阔的应用前景。

上述几种 MPPT 方法各有优缺点，因此在实际的光伏控制系统中，需要根据实际现场的情况选择合适的方法。

5.4 跟踪器系统工作原理及硬件设计 ◀◀◀

太阳的光照强度是随着天气变化而实时变化的，当光照强度较好时，光电传感器对光线比较敏感，此时选用自动追踪模式（即光电跟踪）；当天气不好、光照强度比较弱时，漫反射的加重对光电传感器产生很大的干扰，这种情况下选用固定跟踪模式。传感器的信号通过特定的电路进行处理后，输入单片机内，经过单片机内部程序的处理得到太阳位置偏差角度，进而驱动电机实现对太阳的精确跟踪。

5.4.1 主控芯片的选择

芯片采用 AT89C51 单片机作为系统的核心。该单元的主要功能是接收由光电检测电路所发出的信号，据此信号来控制电机的驱动电路，从而实现对电动机的控制，进而实现对太阳的追踪。下面简单介绍一下 AT89C51 型单片机。

AT89C51 单片机因其强大的功能而被广泛地使用，它的性能如下：

① 4KB 可改写程序 Flash 存储器。

② 全静态工作：0～24Hz。

③ 3 级程序存储器保密。

④ 128×8 位内部 RAM。

⑤ 32 条可编程 I/O 线。

⑥ 2 个 16 位定时/计数器。

⑦ 5 个中断源。

⑧ 可编程串行通道。

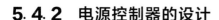

5.4.2　电源控制器的设计

在整个系统中重要的一环就是控制器，其性能直接影响系统寿命，特别是蓄电池的寿命。在光伏系统中有两种基本的控制器类型：分路控制器和串联控制器。分路控制器用以更改或分路电池充电电流，带有一个大的散热器以散发由多余电流产生的热量。大多数的分路控制器是为 30A 以下电流的系统设计的。串联控制器通过断开光伏阵列来断开充电电流。分路控制器和串联控制器也可分许多类，但总的说来这两类控制器都可设计成单阶段或多阶段工作方式。单阶段控制器在电压达到最高水平时才断开阵列；而多阶段控制器在电池接近满充电时允许以不同的电流充电，这是一种有效的充电方法。当电池接近满充电状态时，其内阻增加，用小电流充电，这样能减少能量损失。

系统工作时，通过控制器实现系统工作状态的管理、蓄电池剩余容量的管理、蓄电池的 MPPT（最大光伏功率跟踪）充电控制、主电源及备用电源的切换控制以及蓄电池的温度补偿等主要功能。控制器用工业级（微控制器）MCU 作主控制器，通过对环境温度的测量，对蓄电池和太阳能电池组件电压、电流等参数的检测判断，控制 MOSFET 器件（金属氧化物半导体效应管）的开通和关断，达到各种控制和保护功能，并对蓄电池起到过充电保护、过放电保护的作用。其他附加功能如光控开关、时控开关都应当是控制器的辅助功能。控制器是整个系统中充当管理者的关键部件，它的最大功能是对蓄电池进行全面的管理。由于蓄电池有电压自恢复特性，当蓄电池处于过放电状态时，控制器切断负载，随后蓄电池电压恢复，这样一来就起到了保护蓄电池的作用。

设计控制部分电路包含：DC-DC 变换电路，数据采集电路，A/D 转换电路，单片机控制电路及状态显示部分。本设计以 ATMEL 系列 AT89C51 单片机为控制中心的软硬件的结合，使用并联在电池两端的两个串联电阻，以分压方式对蓄电池、太阳能电池的电压进行采样，送到 A/D 转换得到一个数字信号的电压值，再将信号送入单片机中进行处理。单片机输出经光耦电路控制 MOSFET 管。控制 MOSFET 管导通的方式是脉冲宽度调制（PWM），根据程序设计的载荷变化来调制 MOSFET 管栅的偏置，实现开关功能。按程序设计当检测到蓄电池的电压低于 12V 时，充电模式为均充，MOSFET 管 Q1 为完全导通状态，也就是导通的脉冲占空比最大；当检测到蓄电池的电压为 12～14.5V 时，充电模式为浮充，MOSFET 管 Q1 导通与不导通的占空比例变小；当检测到蓄电池的电压等于 15V 时，MOSFET 管 Q1 截止充电停止。当检测到蓄电池的电压低于 10.8V 时，MOSFET 管 Q2 关闭停止放电。

5.4.3　程序控制部分

整个程序设计包括光电检测跟踪模式、太阳固定轨迹跟踪模式、时钟部分、显示部分。即开机之后，上电复位，系统进入启用中断处理程序，进入等待模式；若是白天，系统会通过光敏二极管来判断是晴天还是阴天，晴天时，系统进入光电追踪模式，阴雨天时，系统进入太阳固定轨迹跟踪模式。

其中检测白天还是黑夜是通过 INT0 来判断的，只要 INT0 检测到低电位，系统就进入中断服务程序，即等待状态。而检测晴天还是阴天是通过 I/O 口查询来实现的，尽管 I/O 口查询方式需要不断地侦测 I/O 的电平变化，但是单片机的运行速度很快，足以达到理想的效果。

在光电跟踪模式下：系统首先检测位于圆盘中央的光敏二极管是否受到了光照，系统是通过检测光敏二极管对应的单片机的引脚的高低电位来判断的。如果系统检测到传感器受到了光照，这时软件控制系统延时 15min。如果系统检测到传感器没有受到光照，之后系统对分布在其周围的 4 个光敏二极管分别检测，如果检测到哪个光敏二极管所对应的单片机引脚是低电位，这就说明这个光敏二极管受到了光照，这时系统命令此光敏二极管所对应的电机朝规定的方向转动，直到传感器受到光照为止，这样就完成了追踪太阳的目的。

在太阳固定轨迹跟踪模式下，当阴天时，光电追踪模式不能准确地追踪，因此启用太阳固定轨迹追踪模式进行追踪。此模式只与时间和地点有关，而不受阳光强弱的影响，正好弥补了光电追踪模式阴天不能正常追踪的缺陷。

系统中用到了中断服务程序，黑夜状态下 INT0 检测到低电位，系统进入中断处理程序，命令电机停止转动。

主程序控制结构框图见图 5-12。

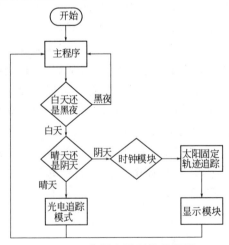

图 5-12　主程序控制结构框图

5.5　DC-DC 变换器　◀◀◀

DC-DC 变换器是一种开关型 DC-DC 变换电路，又称为直流斩波器。它的基本原理是在太阳能电池板与负载之间加上 DC-DC 变换器，通过对电路中电力电子器件的通断控制，将直流电压断续地加到负载上，通过调节 DC-DC 变换电路中功率开关器件的占空比来改变输出电压的平均值，从而使外接负载能够获得最大功率。将 DC-DC 变换器接入到光伏发电控制系统中，并与最大功率控制电路相连，从而构成一套完整的光伏电池最大功率跟踪控制系统。

太阳能电池板由于受太阳光照强度和环境温度变化的影响，输出电压和输出电流都在不断地变化，因此在光伏发电系统中对电能的调控和 MPPT 控制的实现都依赖于 DC-DC 变换器，直流变换器在整个光伏系统设计中是非常重要的一个环节。

5.5.1　DC-DC 变换器的分类

DC-DC 变换器可以分为多种类型。按照调制形式可以分为脉冲宽度调制（PWM）、脉冲频率调制（PFM）和混合调制。按照变换电路的功能可以分为降压式直流-直流变换器（Buck Converter）、升压式直流-直流变换器（Boost Converter）、升压-降压复合型直流-直流变换器（Boost-Buck Converter）、库克直流-直流变换器（Cuk Converter）以及全桥式直流-直流变换（Full Bridge Converter）。按输入直流电源和负载交换能量的形式又可以分为单象限直流斩波器和二象限直流斩波器。

5.5.2　典型的 DC-DC 变换器电路

5.5.2.1　降压 DC-DC 变换电路

降压 DC-DC 变换电路又称 Buck 斩波电路，该电路的特点是输出电压比输入电压低，而输出电流则高于输入电流。通过该电路的变换可以将直流电源电压转换为低于其值的输出直流电压，并实现电能的转换。

降压 DC-DC 变换电路的原理图如图 5-13 所示。图中 T 为全控型开关器件，可根据应用需要选取不同的电力电子器件，如 IGBT、MOSFET、GTR 等。L、C 分别为滤波电感和电容，组成低通滤波器。R 为负载，VD 为续流二极管。当

T断开时，VD为i_L提供续流通路。E为输入直流电压，U_o为输出电压平均值。

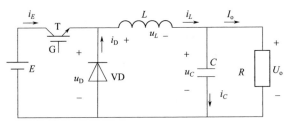

图 5-13　降压 DC-DC 变换电路的原理图

根据电路中电感电流的连续情况，可将降压 DC-DC 变换电路分为连续导电和不连续导电两种工作模式。电路中通过电感的电流 i_L 是否连续，取决于开关频率、滤波电感 L 和电容 C 的数值。本节主要讨论电感电流连续导电模式下的工作情况。

电路工作在电感电流连续导电模式时，对应电感电流恒大于零的情形。设开关器件 T 的控制信号为 U_G（U_G 的波形如图 5-15 所示）。当 U_G 为高电平时 T 导通，U_G 为低电平时 T 断开。T 导通与关断时的等效电路分别如图 5-14（a）、（b）所示。

电路的工作原理是：设电路已处于稳定工作状态，在 $t=0$ 时，使 T 导通，因二极管 VD 反向偏置，电感两端电压为 $u_L=E-U_o$，且为正。此时，电源 E 通过电感 L 向负载传递能量，电感中的电流 i_L 从 I_1 线性增长至 I_2，储能增加。在 $t=t_{on}$ 时刻，使 T 关断，而 i_L 不能突变，故 i_L 将通过二极管 VD 续流，L 储能消耗在负载 R 上，i_L 线性衰减，储能减少，此时 $u_L=-U_o$。由于 VD 的单向导电性，i_L 只能向一个方向流动，即总有 $i_L \geqslant 0$，从而在负载 R 上获得单极性的直流电压。选择合适的电感电容值，并控制 T 周期性地开关，可控制输出电压平均值大小并使输出电压纹波在容许的范围内。显然 T 导通时间愈长，传递到负载的能量愈多，输出电压也就愈高。T 导通和关断时各电量的工作波形如图 5-15所示。

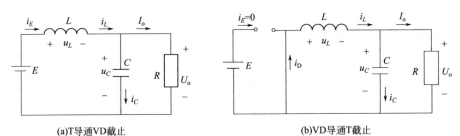

(a)T导通VD截止　　　　　　　　　　　　(b)VD导通T截止

图 5-14　连续导电模式降压 DC-DC 变换电路等效电路图

在 t_{on} 期间，T 导通，根据等效电路图 5-14（a），可得出电感 L 上的电压为

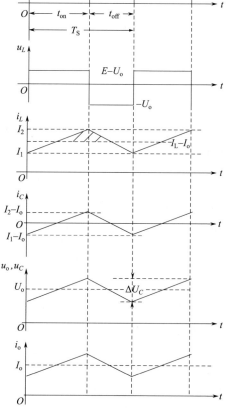

图 5-15 降压 DC-DC 变换电路的工作波形图

$$u_L = L\frac{\mathrm{d}i_L}{\mathrm{d}t} \tag{5-4}$$

由于电感和电容无损耗，电流 i_L 从 T 导通时的电流初值 I_1 线性增长至终值 I_2，因此上式可写成

$$E - U_o = L\frac{\mathrm{d}i_L}{\mathrm{d}t} = L\frac{I_2 - I_1}{t_{on}} = L\frac{\Delta I_L}{t_{on}}$$

则

$$t_{on} = L\frac{\Delta I_L}{E - U_o} \tag{5-5}$$

式中，$\Delta I_L = I_2 - I_1$ 为电感电流的变化量；U_o 为输出电压的平均值。

在 t_{off} 期间，T 关断，VD 导通续流，根据图 5-14（b）的等效电路，电流 i_L 从 I_2 线性衰减至 I_1，因此有

$$-U_o = L\frac{\mathrm{d}i_L}{\mathrm{d}t} = L\frac{I_1 - I_2}{t_{off}} = -L\frac{\Delta I_L}{t_{off}}$$

则

$$t_{\text{off}} = L\frac{\Delta I_L}{U_o} \tag{5-6}$$

从式（5-5）和式（5-6）中消去 ΔI_L，可得

$$(E - U_o)t_{\text{on}} = U_o t_{\text{off}}$$

即

$$U_o = \frac{t_{\text{on}}}{t_{\text{on}} + t_{\text{off}}}E = \frac{t_{\text{on}}}{T_S}E = DE \tag{5-7}$$

事实上，由于稳态工况下的电感电压 u_L 波形周期性地重复，又根据假设电感为理想器件，故电感电压的平均值在一个周期内必为零。即：

$$\int_0^{T_S} u_L \, \mathrm{d}t = \int_0^{t_{\text{on}}} u_L \, \mathrm{d}t + \int_{t_{\text{on}}}^{T_S} u_L \, \mathrm{d}t = 0$$

这就意味着 T 导通和关断的电压波形面积相等，即

$$(E - U_o)t_{\text{on}} = U_o t_{\text{off}} = U_o(T_S - t_{\text{on}})$$

所以有

$$U_o = \frac{t_{\text{on}}}{T_S}E = DE \tag{5-8}$$

当输入的直流电压不变时，输出直流电压随占空比线性变化，与其他电路参数无关。由于占空比 D 总是小于等于 1，所以输出电压 U_o 总是小于或等于输入电压 E。因此，这种斩波电路称为降压斩波电路。

由于不考虑电路元件的损耗，则输入功率与输出功率相等，$P_E = P_o$ 或 $EI_E = U_o I_o$，因此输入电流 I_E 和负载电流 I_o 之间的关系为

$$I_o = \frac{E}{U_o}I_E = \frac{1}{D}I_E \tag{5-9}$$

由图 5-15 可知，开关器件 T 和二极管 VD 承受的最大电压均为电源电压 E。

5.5.2.2 升压 DC-DC 变换电路

升压 DC-DC 变换电路又称 Boost 斩波电路，用于将直流电源电压变换为高于其值的直流输出电压，实现能量从低压侧电源向高压侧负载的传递。采用 IGBT 作为开关器件的电路原理图如图 5-16 所示。

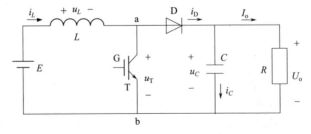

图 5-16　升压型 DC-DC 变换电路原理图

设开关器件 T 的控制信号为 U_G（U_G 的波形如图 5-18 所示）。当 U_G 为高电平时 T 导通，U_G 为低电平时 T 关断。T 导通与关断时的等效电路分别如图 5-17（a）、（b）所示。

　　电路工作在电感电流连续导电模式时，工作原理是：设电路已处于稳定工作状态，在 $t=0$ 时，使 T 导通，二极管 VD 承受反压而截止，电源电压 E 全部加到电感 L 上，电感中的电流 i_L 从 I_1 线性增长至 I_2，储能增加；同时由电容 C 为负载 R 提供能量，对应的等效电路如图 5-17（a）所示。

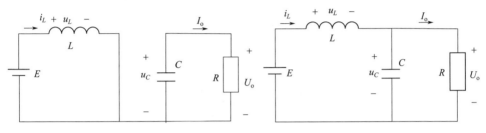

(a)T导通VD截止　　　　　　　　　　　　　　　　　　(b)VD导通T截止

图 5-17　连续导电模式升压 DC-DC 变换电路等效电路图

　　在 $t=t_{on}$ 时刻，使 U_G 为低电平，T 关断，因电感电流不能突变，i_L 通过 VD 将存储的能量提供给电容和负载，即电感储能传递到电容、负载侧。电感中的电流 i_L 从 I_2 线性减少至 I_1，储能减少，产生的感应电势阻止电流减少，感应电势 $U_L<0$，故 $U_o>E$，对应的等效电路如图 5-17（b）所示。T 导通和关断工况下各电量的工作波形如图 5-18 所示。

　　由上分析可知，在 T 导通期间，即 t_{on} 期间，$u_L=E$，因此有

$$u_L=E=L\frac{\mathrm{d}i_L}{\mathrm{d}t}=L\frac{I_2-I_1}{t_{on}}=L\frac{\Delta I_L}{t_{on}} \tag{5-10}$$

则

$$t_{on}=L\frac{\Delta I_L}{E} \tag{5-11}$$

式中，$\Delta I_L=I_2-I_1$ 为电感 L 中电流的变化量。而在 T 关断期间，即 t_{off} 期间，$u_L=E-U_o$，有

$$u_L=E-U_o=L\frac{\mathrm{d}i_L}{\mathrm{d}t}=L\frac{I_1-I_2}{t_{off}}=-L\frac{\Delta I_L}{t_{off}} \tag{5-12}$$

即

$$U_o-E=L\frac{\Delta I_L}{t_{off}} \tag{5-12}$$

所以

$$t_{off}=\frac{L}{U_o-E}\Delta I_L \tag{5-13}$$

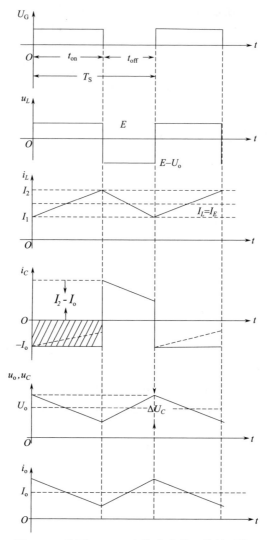

图 5-18   升压 DC-DC 变换电路的工作波形图

从式（5-11）和式（5-12）中消去 ΔI_L，整理可得

$$U_\text{o} = \frac{1}{1-D}E \tag{5-14}$$

式中，占空比 $D = t_\text{on}/T_\text{S}$。因 $0 < D \leqslant 1$，所以输出电压总是大于或等于输入电压。当输入直流电压不变时，输出直流电压随占空比线性变化，与其他电路参数无关。

在理想的情况下，电路的输入功率等于输出功率，即 $P_E = P_\text{o}$ 或 $EI_E = U_\text{o}I_\text{o}$。因此输入电流 I_E 和负载电流 I_o 之间的关系为

$$I_\text{o} = \frac{E}{U_\text{o}}I_E = (1-D)I_E \tag{5-15}$$

由图 5-18 可知，开关器件 T 和二极管 VD 承受的最大电压均为输出电压 U_o。

5.5.2.3　升降压 DC-DC 变换电路

升降压 DC-DC 变换电路又称为 Buck-Boost 斩波电路，它是一种既可以升压，又可以降压的变换电路，其主电路与 Buck 和 Boost 变换器的元器件相同，也由开关管、二极管、电感和电容等构成，原理图如图 5-19 所示。与 Buck 和 Boost 变换器不同的是，其输出电压的极性与输入电压相反。

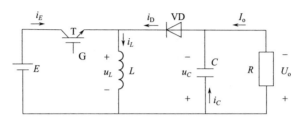

图 5-19　升降压 DC-DC 变换电路原理图

电路工作在电感电流连续导电模式时，从图 5-19 中可以看出，随着开关器件 T 的通断，能量先存储到电感 L 中，然后再由电感向负载释放。

电路工作原理如下：设电路已处于稳定工作状态，在 $t=0$ 时，使 T 导通，二极管 VD 反偏而截止。一方面电源电压 E 全部加到电感上，电感中的电流 i_L 从 I_1 线性增长至 I_2，储能增加，能量从直流电源输入并存储到电感 L 中；另一方面，电容 C 维持输出电压基本恒定并向负载 R 供电，等效电路如图 5-20（a）所示。在 $t=t_\mathrm{on}$ 时刻，使 T 关断，由于电感 L 中的电流 i_L 不能突变，并产生上负下正的感应电动势 u_L，当 u_L 大于负载电压 U_o 时，VD 导通，电感 L 经 VD 将存储的能量传递给电容 C 和负载 R，等效电路如图 5-20（b）所示。可见，负载电压极性与电源电压极性相反，与降压斩波电路和升压斩波电路的情况也相反，因此该电路也称为反极性斩波电路。T 导通和关断工况下各电量的工作波形如图 5-21 所示。

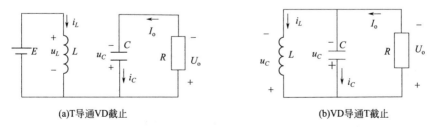

(a)T导通VD截止　　　　　　　　　　　　　　(b)VD导通T截止

图 5-20　连续导电模式升降压 DC-DC 变换电路等效电路图

由以上分析可知，在 T 导通期间，$u_L=E$，因此有

$$u_L=L\frac{\mathrm{d}i_L}{\mathrm{d}t}=L\frac{I_2-I_1}{t_\mathrm{on}}=L\frac{\Delta I_L}{t_\mathrm{on}}=E \tag{5-16}$$

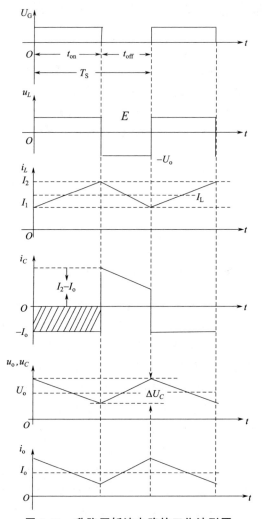

图 5-21　升降压斩波电路的工作波形图

即

$$E = L \frac{\Delta I_L}{t_{on}} \tag{5-17}$$

在 T 关断期间，$u_L = -U_o$，则有

$$u_L = L \frac{di_L}{dt} = L \frac{I_1 - I_2}{t_{off}} = -L \frac{\Delta I_L}{t_{off}} = -U_o$$

即

$$U_o = L \frac{\Delta I_L}{t_{off}} \tag{5-18}$$

在电路稳态工作时，t_{on} 期间电感电流的增加量等于 t_{off} 期间的减少量，由式

（5-17）和式（5-18）得到

$$Et_{on} = U_o t_{off} \tag{5-19}$$

将 $t_{on} = DT_S$ 和 $t_{off} = (1-D)T_S$ 代入式（5-19），可求得输出电压平均值，为

$$U_o = \frac{D}{1-D}E \tag{5-20}$$

当 $D = 0.5$ 时，$U_o = E$，输出电压与输入电压大小保持不变；当 $0.5 < D < 1$ 时，$U_o > E$，输出电压的值大于输入电压，为升压变换；当 $0 \leqslant D < 0.5$，$U_o < E$，输出电压的值小于输入电压，为降压变换。

同样在理想的情况下，电路的输入功率等于输出功率，即 $P_E = P_o$，或 $EI_E = U_o I_o$，因此

电源输出电流平均值 I_E 和负载电流平均值 I_o 之间的关系为

$$I_o = \frac{E}{U_o}I_E = \frac{1-D}{D}I_E \tag{5-21}$$

负载电流 I_o 还可以表示为

$$I_o = \frac{U_o}{R} = \frac{D}{1-D} \times \frac{E}{R} \tag{5-22}$$

在图 5-20（b）中，流过二极管 VD 的平均电流就是负载的平均电流，由图 5-21 的波形可以求得流过二极管 VD 的平均电流 I_D，为

$$I_D = I_o = \frac{1-D}{2}(I_1 + I_2) = \frac{D}{1-D} \times \frac{E}{R}$$

即

$$I_1 + I_2 = \frac{2D}{(1-D)^2} \times \frac{E}{R} \tag{5-23}$$

对电源而言，只在开关器件 T 导通期间输出电流，而电感在整个斩波周期都流过电流，根据图 5-21 所示波形，可求得电源输出电流平均值 I_E 和电感电流平均值 I_L，分别为

$$I_E = \frac{D}{2}(I_1 + I_2) = \frac{D^2}{(1-D)^2} \times \frac{E}{R} \tag{5-24}$$

$$I_L = \frac{1}{2}(I_1 + I_2) = \frac{D}{(1-D)^2} \times \frac{E}{R} \tag{5-25}$$

容易得到 I_E、I_o 和 I_L 之间存在如下关系

$$I_E = DI_L \tag{5-26}$$

和

$$I_o = (1-D)I_L \tag{5-27}$$

应该指出，在电流连续模式下开关器件 T 和二极管 VD 的电流最大值均为 $I_L + \Delta I_L/2$，而 T 截止时承受的电压为 $E + U_o = E/(1-D)$，随着 D 的增加而增加。同样在 T 导通时，VD 承受的反向电压也是 $E + U_o$。

5.6 孤岛效应 ◁◁◁

5.6.1 孤岛效应概述

孤岛现象是指当电网由于电气故障或自然因素等原因中断供电时，光伏并网发电系统仍然向周围的负载供电，从而形成一个电力公司无法控制的自给供电孤岛。由于光伏发电系统与电网并联工作时，电网会因为故障设备检修或者操作失误等原因停止工作，也就是说孤岛效应是光伏并网发电系统中普遍存在的一个问题。因此准确、及时地检测出孤岛效应是光伏并网发电系统设计中的一个关键性问题。

当孤岛效应发生时，将会造成以下危害：

① 电网无法控制孤岛中的电压和频率，如果电压和频率超出允许的范围，可能会对用户的设备造成损坏；

② 如果负载容量大于逆变电源容量，逆变电源过载运行，易被烧毁；

③ 与逆变电源相连的线路仍然带电，对检修人员造成危险，降低电网的安全性；

④ 对孤岛进行重合闸操作会导致该线路再次跳闸，还有可能损坏逆变电源和其他设备。

5.6.2 孤岛效应的检测方法

孤岛现象的出现会严重影响电力系统的安全和正常运行。从用电安全与电能质量考虑，孤岛效应是不允许出现的；当孤岛发生时必须快速、准确地切除并网逆变器，因此对于孤岛效应应进行检测及控制。

孤岛效应检测方法主要分为被动式和主动式两种。被动式孤岛检测方法通过检测逆变器的输出是否偏离并网标准规定的范围（如电压、频率或相位），判断孤岛效应是否发生。该方法工作原理简单，实现容易，但在逆变器输出功率与局部负载功率平衡时无法检测出孤岛效应的发生。主动式孤岛检测方法是指通过控制逆变器，使其输出功率、频率或相位存在一定的扰动。电网正常工作时，由于电网的平衡作用，这些扰动检测不到。一旦电网出现故障，逆变器输出的扰动将快速累积并超出并网标准允许的范围，从而触发孤岛效应的保护电路。该方法检测精度高，检测盲区小，但是控制较复杂，且降低了逆变器输出电能的质量。

5.6.2.1　被动方法

被动式孤岛效应检测方法的工作原理是指根据电网断电时逆变器输出电压、频率的改变判断出是否发生孤岛效应。当电网发生故障时，除逆变器的输出电压、输出频率外，其输出电压的相位、谐波均会发生变化。因此被动式孤岛效应检测法可以对逆变器上述输出的变化进行检测以判断电网是否发生故障，但若光伏系统输出功率与局部负载功率平衡，则被动式检测方法将失去检测能力。

（1）电压、频率检测

电压、频率检测法是在公共耦合点的电压幅值和频率超过正常范围时，停止逆变器并网运行的一种检测方法。光伏并网发电系统并网运行过程中，除了要防止孤岛效应的发生，还要保证逆变器输出电压与电网同步，因此对电网电压幅值、频率要不断进行检测，以防止出现过压、欠压、过频或欠频等故障，所以对电压、频率进行检测的被动式孤岛检测方法只需利用已有的检测参数进行判断，无需增加检测电路。该方法最大的缺点在于逆变器输出功率与负载功率平衡时，电网断电后逆变器输出端电压和频率均保持不变，从而出现孤岛检测的漏判。

（2）相位检测

逆变器输出电压相位检测方法原理与电压、频率检测方法相似：电网出现故障时，光伏发电系统逆变器所带的负载阻抗会发生变化，导致电网故障前后逆变器输出电压和输出电流相位发生变化，系统根据相位的变化情况即可判断电网是否出现故障。

由于电网中感性负载较普遍，因此该方法在孤岛效应检测中的效果优于电压、频率检测方法。但是当负载为阻性负载或电网断电前后负载阻抗特性保持不变时，该方法就失去了孤岛检测能力。

（3）谐波检测

谐波检测方法是指当电网出现故障停止工作时，由于失去了电网的平衡作用，光伏发电系统输出电流在经过变压器等非线性设备时将会产生大量的谐波，根据谐波的变化情况便可判断电网是否处于故障状态。实验研究及实际应用表明：该方法具有良好的检测效果，但是由于目前电网中存在大量的非线性设备，谐波变化复杂，因此很难确定一个统一的用于孤岛效应检测的谐波标准。

上述三种方法是目前较为常用的被动式孤岛检测方法，在实际光伏系统中均有一定的应用，但是由于被动式孤岛检测方法对逆变器输出功率与负载功率是否匹配有较高的要求，因此存在较大的检测盲区。

5.6.2.2　主动方法

孤岛效应主动检测法是指在逆变器运行过程中，控制其使之输出存在周期性扰动。电网正常时，因电网的平衡作用逆变器的输出仍和电网保持一致，扰动量不起作用；电网发生故障时，这些扰动量逐步累计直至超过并网标准规定的范围，从而检测出电网发生故障。目前主动检测法主要有三种：逆变器输出功率扰动法、逆变器输出电压频率扰动法和滑模频率偏移检测法。

（1）输出功率扰动法

输出功率扰动法是通过对逆变器输出功率的控制，使光伏发电系统输出的有功功率发生周期性变化。当孤岛效应发生时，逆变器输出端电压由于功率扰动出现电压变化，从而反映出孤岛效应发生与否。实际应用中，为尽量减少该方法对逆变器输出功率的影响，通常在 N 个工频周期中控制逆变器使其在一个或半个周波区间输出的功率低于正常值或为零。

随着光伏发电的发展，局部电网中光伏并网发电系统的数目会越来越多，在这种情况下孤岛效应发生时功率扰动对逆变器输出电压的影响会变弱进而影响检测结果。另外，如果电网内存在较大的非线性负载，当电网停止工作时非线性负载会向负载供电，这样便减弱了功率扰动法对孤岛效应的检测效果。

（2）输出频率扰动法

与输出功率扰动法相比对逆变器电压的输出频率进行扰动是一种更为有效的孤岛效应检测方法。有源频率偏移法（Active Frequency Drift，AFD）是目前一种常见的输出频率扰动孤岛效应检测方法。

有源频率偏移法的工作原理：通过偏移耦合点处电网电压采样信号的频率，造成对负载端电压频率的扰动。如果正常情况下，锁相环的作用是控制频率误差在较小范围内，而当电网出现故障时，锁相环失效，逆变器频率发生变化，而扰动加入使误差增加，积累到一定范围就会由被动法检测出来。

主动频率偏移法因为扰动方向固定，可能会因为负载的性质而对该方法有抵消的影响。例如，容性负载较阻性低，而感性负载较阻性高，故若扰动方向刚好与负载阻抗特性相抵消，则可能会让扰动无法积累。为了防止这种情况发生，采用正反馈的有源频率漂移法。通过比较前后两次频率的变化来动态地确定扰动的方向，如果频率是不断增加的，则扰动方向给正的，如果频率是不断减小的，则扰动方向给负的。

（3）滑模频率偏移检测法

滑模频率漂移检测法（Slip-Mode Frequency Shift，SMS）是一种主动式孤岛检测方法。它控制逆变器的输出电流，使其与公共点电压间存在一定的相位差，以期在电网失压后公共点的频率偏离正常范围而判别孤岛。正常情况下，逆变器相角响应曲线设计在系统频率附近范围内，单位功率因数时逆变器相角比RLC负载增加得快。当逆变器与配电网并联运行时，配电网通过提供固定的参考相角和频率，使逆变器工作点稳定在工频。当孤岛形成后，如果逆变器输出电压频率有微小波动逆变器相位响应曲线会使相位误差增加，到达一个新的稳定状态点。新状态点的频率必会超出频率继电器的动作阀值，逆变器因频率误差而关闭。此检测方法实际是通过移相达到移频，与主动频率偏移法 AFD 一样有实现简单、无需额外硬件、孤岛检测可靠性高等优点，也有类似的弱点，即随着负载品质因数增加，孤岛检测失败的可能性变大。

综上所述，主动检测法的优点是检测盲区小、检测速度快，但缺点也一样明显，就是对电能质量有一定的影响。

5.7　光伏控制系统案例分析

太阳能路灯目前是光伏发电应用最为广泛的领域之一。太阳能路灯以太阳光为能源，在安装和使用过程中不需要铺设复杂的管线，安全节能无污染。白天利用太阳光给路灯中的蓄电池充电，晚上利用蓄电池储存的电能供给路灯工作。路灯的关、开过程采用光控，在太阳能路灯的控制系统中采用最大功率跟踪技术，最大程度地吸收太阳能，提高太阳能电池阵列的转换效率，同时可以降低路灯系统运营成本。

下面案例中，针对太阳能控制系统的特点，设计了一种基于 PIC16F877 单片机的智能控制器，提出了可行的太阳能电池最大功率点跟踪方法和合理的蓄电池充放电策略。该系统控制器具有电路结构简单、可靠性高、实用性强等优点。

5.7.1　太阳能路灯控制系统

太阳能路灯控制系统的结构框图如图 5-22 所示，照明负载为 LED 光源，光伏组件为单晶硅太阳能电池板，蓄电池为阀控式密封铅酸蓄电池，虚线框所示即为所提出的控制器的主要部分。整个系统用 Microchip 的 PIC16F877 单片机实现

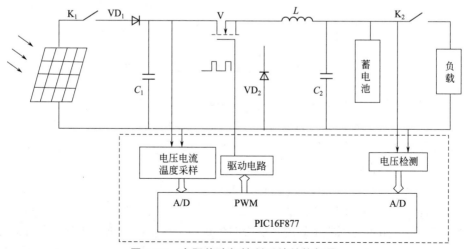

图 5-22　太阳能路灯控制系统结构框图

控制，并利用单片机输出的 PWM 波控制 Buck 型降压电路来改变太阳电池阵列的等效负载，实现太阳能电池的最大功率跟踪。VD_1 为太阳能电池板防反接、反充二极管，采用快恢复二极管，C_1、C_2 为滤波电容，V 为场效应开关管，L 为储能电感，VD_2 为续流二极管。

5.7.2　控制器硬件设计

控制器是太阳能路灯控制系统的核心部分，关系到整个光伏系统的正常运行及工作效率。本案例中的智能控制器结构框图如图 5-23 所示。控制器的核心是 PIC16F877，它是目前世界上片内集成外围模块最多、功能最强的单片机品种之一，是一种高性能的 8 位单片机。PIC16F877 采用哈佛总线结构和 RISC 技术，指令执行效率高，功耗极低，带有 FLASH 程序存储器，同时配置有 5 个端口 33 个双向输入输出引脚，内嵌 8 个 10 位数字量精度的 A/D 转换器，配有 2 个可实现脉宽调制波形输出的 CCP 模块。控制器主要的工作是白天实现太阳能电池板对蓄电池充电的控制，晚上实现蓄电池对负载放电的控制，具有光控功能，能够在白天夜间自动切换。

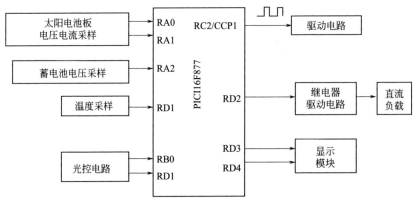

图 5-23　太阳能路灯智能控制器硬件结构框图

控制器采集太阳能电池输出的电压电流，用以实现太阳能电池最大功率点 MPPT 的跟踪；采集蓄电池的端电压，防止蓄电池的过充及过放；采集温度，用以实现温度补偿。电压采集可用霍尔电压传感器或电阻分压法实现，电流采集可用霍尔电流传感器或分流器实现。

显示模块提示蓄电池过充、蓄电池欠压等显示功能，采用两个双色 LED 发光二极管（LED_1，LED_2）实现，分别显示充电和放电状态。当电压由低到高变化时，指示灯由红色到橙色到绿色渐变颜色显示电压高低。充电状态：当蓄电池电压低于 13.0V 时，LED_1 显示绿色；当蓄电池电压在 13.4～14.4V 之间时，LED_1 显示橙色，当蓄电池电压高于 14.4V 时，LED_1 显示红色。放电状态：当蓄电池电压低于 11.0V 时，LED_2 显示红色；当蓄电池电压在 12.2～12.4V 之间时，LED_2 显示橙色；当蓄电池电压高于 12.4V 时，LED_2 显示绿色。

5.7.3　蓄电池充放电策略

作为太阳能路灯照明系统储能用的蓄电池由于存在过放、过充、使用寿命短等问题，要选择合适的充放电策略。所有的蓄电池充电过程都有快充、过充和浮充 3 个阶段，每个阶段都有不同的充电要求。系统中的控制器采取综合使用各充电方法应用于 3 个阶段充电。

快充阶段：蓄电池能够接受最大功率时，采取太阳能电池最大功率点跟踪对蓄电池进行充电。当蓄电池端电压达到转换门限值后，进入过充阶段。

过充阶段：采用恒压充电法，给蓄电池一个较高的恒定电压，同时检测充电电流。当充电电流降到低于转换门限值时，认为蓄电池电量已充满，充电电路转到浮充阶段。

浮充阶段：蓄电池一旦接近全充满时，其内部的大部分活性物质已经恢复成原来的状态，这时候为防止过充，采用比正常充电更低的充电电压进行充电。浮充电压根据蓄电池的实际要求设定，对 12V 的阀控式密封铅酸蓄电池来说，一般在 13.4～14.4V 之间。此时，在温差较大的地区，还应该进行适当的温度补偿。

5.7.4　最大功率点跟踪控制策略

在室外环境中太阳能电池的输出电压和输出电流随着日照强度和电池结温的变化具有强烈的非线性，因此控制器采用干扰观测法来实现 MPPT 控制。在电路的具体实现中，干扰观测法通过 DC-DC 变换器中的 Buck 型降压电路来实现。将 Buck 型降压电路应用于太阳能路灯控制系统后，V 为 IRF540 NMOS 场效应管，开关管的驱动采用 TLP250，单片机输出一个频率 10kHz 的 PWM 波来控制开关器件。由此，通过调节负载两端的电压来改变太阳电池阵列的等效负载，从而实现太阳能电池的最大功率点跟踪。

5.7.5　控制系统软件设计

控制器软件的主要任务是：实现蓄电池的充电控制；完成电压、电流的采集、处理和计算，实现 MPPT 控制算法；实现蓄电池对负载的放电控制。控制系统软件采用模块化程序设计方法，其主程序流程图如图 5-24 所示。

这里所设计的以单片机 IPC16F877 为控制核心的智能太阳能路灯控制器，具有外围电路简单、可靠性高的特点，实现了太阳能电池的最大功率点跟踪，采

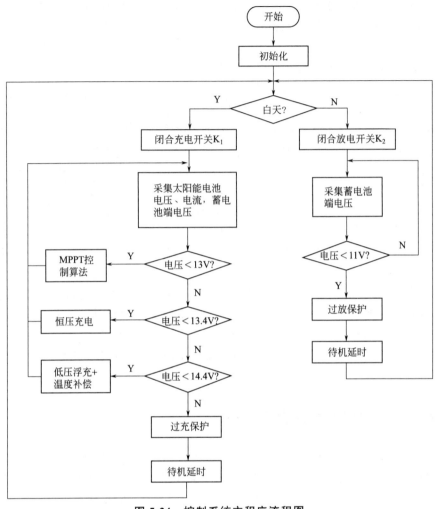

图 5-24　控制系统主程序流程图

用了合理的蓄电池充放电策略，算法简单，既提高了太阳能电池板的使用效率，同时又延长了蓄电池的使用寿命。

习　题

一、填空题

1. 光伏系统控制器应具有如下的功能：_____，对太阳方位和高度进行跟踪，_____对蓄电池进行保护以及对太阳能电池进行保护等。

2. 目前比较常用的光电跟踪方式有重力式、_____和_____，这些光电跟踪装置都使用_____。

3. 闭环控制是指带有＿＿＿＿＿＿＿＿＿的控制方式，控制系统通过传感器检测得到某时刻太阳光的强度，再根据不同的天气条件调整＿＿＿＿＿＿＿＿＿，以达到所要对准的目标。

4. 开环 MPPT 方法是基于＿＿＿＿＿＿＿＿＿的基本规律，通过简单的开环控制来实现 MPPT，主要有＿＿＿＿＿＿＿＿＿、短路电流比例系数法和插值计算法。

5. 闭环 MPPT 方法是通过对＿＿＿＿＿＿＿＿＿与＿＿＿＿＿＿＿＿＿来实现 MPPT，以自寻优类算法应用最为广泛。

二、名词解释

太阳能跟踪控制　MPPT 控制　扰动观察法　DC-DC 变换器
孤岛效应

三、问答题

1. 太阳能跟踪控制方式有哪些？
2. 典型的 DC-DC 变换器电路有哪些？
3. 孤岛效应发生时，将会造成什么危害？

第6章
光伏建筑一体化

光伏建筑一体化（BIPV），是应用太阳能发电的一种新概念，简单地讲就是将太阳能光伏发电方阵安装在建筑的围护结构外表面来提供电力。根据光伏方阵与建筑结合的方式不同，光伏建筑一体化可分为两大类。一类是光伏方阵与建筑的结合。这种方式是将光伏方阵依附于建筑物上，建筑物作为光伏方阵载体，起支撑作用。另一类是光伏方阵与建筑的集成。这种方式是光伏组件以一种建筑材料的形式出现，光伏方阵成为建筑不可分割的一部分。如光电瓦屋顶、光电幕墙和光电采光顶等。在这两种方式中，光伏方阵与建筑的结合是一种常用的形式，特别是与建筑屋面的结合。由于光伏方阵与建筑的结合不占用额外的地面空间，是光伏发电系统在城市中广泛应用的最佳安装方式，因而备受关注。光伏方阵与建筑的集成是 BIPV 的一种高级形式，它对光伏组件的要求较高。光伏组件不仅要满足光伏发电的功能要求同时还要兼顾建筑的基本功能要求。一般要求：①一体化设计。设计的内容应包括建筑和光伏系统，也应包括其他需要的器件和结构，并把建筑物的墙体和房顶分解为结构模块一体化。②一体化制造。建立专用的生产线，并用该生产线，对设计好的建筑结构模块，进行大规模高效率低成本的制造。③一体化安装。用电动吊装设备，把生产出的结构模块，集中安装成房屋。其中屋顶太阳能光电建筑应用较为广泛，其主要特点是：可以调节太阳能电池板与太阳光之间的朝向。我国地处北半球，太阳能电池板要朝南，因此光伏幕墙有一定的局限性。

6.1 光伏建筑一体化的优势 ◂◂◂

（1）能够满足建筑美学和采光要求

BIPV 建筑首先是一个建筑，而对于建筑物来说光线就是它的灵魂，一个建筑物的成功与否，关键一点就是建筑物的外观效果。普通光伏组件的接线盒一般粘在电池板背面，因接线盒较大，很容易破坏建筑物的整体协调感。BIPV 建筑中要求将接线盒省去或隐藏起来，需要将旁路二极管和连接线隐藏在幕墙结构中，这样既可防阳光直射和雨水侵蚀，又不会影响建筑物的外观效果，达到与建筑物的完美结合。BIPV 建筑是采用向光面超白钢化玻璃制作的双面玻璃组件，能够通过调整电池片的排布或采用穿孔硅电池片来达到特定的透光率，即使是在大楼的观光处也能满足光线通透的要求。光伏组件透光率越大，电池片的排布就越稀，其发电功率也会越小。

（2）建筑的安全性能高

BIPV 组件不仅需要满足光伏组件的性能要求，同时要满足建筑物安全性能要求，因此需要有比普通组件更高的力学性能和采用不同的结构方式。在不同的地点，不同的楼层高度，不同的安装方式，对它的玻璃力学性能要求就可能是完全不同的。BIPV 建筑中使用的双玻璃光伏组件是由两片钢化玻璃，中间用 PVB 胶片复合太阳能电池片组成复合层，电池片之间由导线串、并联汇集引线端的整体构件。组件中间的 PVB 胶片有良好的黏结性、韧性和弹性，具有吸收冲击的作用，可防止冲击物穿透，即使玻璃破损，碎片也会牢牢黏附在 PVB 胶片上，不会脱落伤人，从而使产生的伤害可能减少到最低程度，提高建筑物的安全性能。

（3）建筑节约能源

有效利用建筑外围表面（屋顶和墙面），省去支撑结构，节省土地资源，可原地发电、原地使用，节约送电网投资和减少损耗；避免墙面温度和屋顶温度过高，改善室内环境，降低空调负荷。BIPV 建筑是光伏组件与玻璃幕墙的紧密结合。构件式幕墙施工手段灵活，主体结构适应能力强，工艺成熟，单元式幕墙在工厂内加工制作，易实现工业化生产，降低人工费用，控制单元质量，从而缩短施工周期。双层通风幕墙系统具有通风换气、隔热隔声、节能环保等优点，并能够改善 BIPV 组件的散热情况，降低电池温度，减少组件的效率损失，降低热量向室内的传递。BIPV 建筑简单来说，就是用 BIPV 光伏组件取代普通钢化玻璃，既是建筑材料又是供电系统。

（4）光伏组件寿命长

普通光伏组件封装用的胶一般为 EVA。由于 EVA 的抗老化性能不强、使用寿命达不到 50 年，不能与建筑同寿命而且 EVA 发黄将会影响建筑的美观和系统的发电量。而 PVB 膜具有透明、耐热、耐寒、耐湿、机械强度高等特性，并已经成熟应用于建筑用夹层玻璃的制作。国内玻璃幕墙规范也明确提出"应用 PVB"的规定。BIPV 光伏组件采用 PVB 代替 EVA 制作能达到更长的使用寿命。此外，在 BIPV 系统中，选用光伏专用电线（双层交联聚乙烯浸锡铜线），选用偏大的电线直径，以及选用性能优异的连接器等设备，都能延长 BIPV 光伏系统的使用寿命。

6.2　光伏建筑一体化的几种形式　◀◀◀

从光伏方阵与建筑墙面、屋顶的结合来看，主要为屋顶光伏电站和墙面光伏电站；而从光伏组件与建筑的集成来讲，主要有光伏幕墙、光伏屋顶等形式。光伏建筑一体化的结构特点大致如下。

第一种结构特点：横向和竖向框架不显露于幕墙玻璃外表面。玻璃分格间看不到"骨格"和窗框，仅可见打胶胶缝或安装缝。全玻组件的安装固定主要靠结构胶的粘接实现。幕墙整体表现出美观的平面，外观统一、新颖，通透感较强，整体表现出一种简洁明快的格调。

第二种结构特点：横向和竖向框架均显露于幕墙玻璃外表面。玻璃分格间可以看到"骨格"和窗框，幕墙平面表现为矩形分格。全玻组件的安装固定主要靠结构胶的粘接和构件压接实现。幕墙整体表现出明显的层次感，太阳能电池组件与龙骨型材互为装饰，表现出一种建筑美学。

第三种结构特点：全玻组件通过支撑装置固定于支承结构上。强化玻璃四角开孔，穿装螺栓固定，螺栓与玻璃表面平齐，使内外流通、融合。全玻组件的安装固定主要固定于支承结构的驳接件穿装，全玻组件间通过结构胶粘接完成。没有框架结构，只有拉杆、绳索等简单结构，室内明亮开阔，通透感极强，适用于大型建筑和建筑物的大堂顶部或入口等。

第四种结构特点：平屋顶、楼顶。这种属于半建筑结合应用方式，在屋顶采用生根或不生根筑起水泥条或水泥带，并在其中预埋地脚螺栓用于固定组件支架。屋面钢结构基础的施工应符合下列规定：①钢结构基础施工应不损害原建筑物主体结构，并应保证钢结构基础与原建筑物承重结构的连接牢固、可靠。②接地的扁钢、角钢的焊接处应进行防腐处理。③屋面防水工程施工应在钢结构支架施工前结束，钢结构支架施工过程中不应破坏屋面防水层，如根据设计要求不得不破坏原建筑物防水结构时，应根据原防水结构重新进行防水恢复。从发电角度看，平屋顶经济性是最好的：①可以按照最佳角度安装，获得最大发电量。②可以采用标准光伏组件，具有最佳性能。③与建筑物功能不发生冲突。利用南向斜屋顶与顶楼类似，具有较好经济性。太阳能电池屋顶外观见图 6-1、图 6-2。

图 6-1　太阳能电池屋顶外观图一

第五种结构特点：光伏天棚。光伏天棚要求透明组件，组件效率较低；除发电和透明外，天棚构件要满足一定的力学、美学、结构连接等建筑方面要求。太

图 6-2 太阳能电池屋顶外观图二

阳能电池花棚外观见图 6-3。

图 6-3 太阳能电池花棚

第六种结构特点：光伏幕墙。

安装方便。BIPV 幕墙施工手段灵活，主体结构适应能力强，工艺成熟，是目前采用最多的结构形式。单元式幕墙在工厂内加工制作，易实现工业化生产，降低人工费用，控制单元质量，从而缩短施工周期，为业主带来较大的经济效益。双层通风幕墙系统具有通风换气、隔热隔声、节能环保等优点，并能够改善 BIPV 组件的散热情况，降低电池片温度，减少组件的效率损失，降低热量向室内的传递。BIPV 建筑简单来说，就是用 BIPV 光伏组件取代普通钢化玻璃，其结构形式基本上同传统玻璃幕墙能够相通。这就使得 BIPV 光伏组件的安装具有深厚的技术基础和优势，完全能够达到安装方便的要求。

寿命长。普通光伏组件封装用的胶一般为 EVA。由于 EVA 的抗老化性能不强、使用寿命达不到 50 年，不能与建筑同寿命而且 EVA 发黄将会影响建筑的美观和系统的发电量。而 PVB 膜具有透明、耐热、耐寒、耐湿、机械强度高等特性，并已经成熟应用于建筑用夹层玻璃的制作。国内玻璃幕墙规范也明确提出"应用 PVB"的规定。BIPV 光伏组件采用 PVB 代替 EVA 制作能达到更长的使用寿命。

如果设计院、建材生产商和光伏制造商能够充分协作起来，建材光伏一体化的发电单元的制造成本与单独生产光伏组件的成本类似，甚至比建材加光伏组件的成本还低，而逆变和布线系统则可以整体并入到建筑物的电力系统中去，因此，BIPV 的成本可能比单独的光伏发电低得多。

6.3 建筑一体化对电池组件的要求 ◀◀◀

在建筑光伏一体化设计中，对于建筑不同部位选用不同光伏电池的原则如下：①多晶薄膜、非晶硅薄膜电池在建筑一体化设计中比较有优势。与晶体硅电池相比，多晶薄膜、非晶硅薄膜电池对散射光、折射光、直射光等各种光源都有良好的吸收效应，稳定电流输出，长时间光电转换。宜采用与建筑屋面、墙面、玻璃幕墙相结合的多晶薄膜、非晶硅薄膜电池。②根据建筑要求确定合适的玻璃性能（如采光）及结构（如夹层、中空、异型）。③根据抗风等要求确定玻璃的强度要求（钢化、厚度）。④应根据电池的特性选用面板玻璃，考虑透光性能、厚度、强度、平整度等。在夹胶生产工艺方面，应选用专用的胶片，并在组件边缘采用专用密封胶密封。在弯曲成型方面，应注意电池的弯曲能力。在电池焊接、连接、合片、引出线等工艺设计中要重点关注成品率。⑤组件的安装与使用问题。光伏幕墙组件在设计中应把安装方式作为重点之一，这其中包括组件固定方式，光伏幕墙的水密性，安装、使用中的损坏问题，光伏组件背后的散热问题等。⑥在设计中还应充分考虑光伏幕墙的建筑使用要求和在寿命期的一系列问题，包括：与建筑外观的协调；透光性能；应考虑玻璃在夏季的升温问题及热炸裂问题；冬季玻璃构造的保温能力；光伏电池的效率衰减；光伏电池组件的使用寿命；组件的清洗、维护等。⑦光伏组件的力学性能要求。用作幕墙面板和采光顶面板的光伏组件，不仅需要满足光伏组件的性能要求，同时要满足幕墙的三性实验要求和建筑物安全性能要求，需要有更高的力学性能和采用不同的结构方式。

⑧建筑结构与光伏组件电学性能的配合。在设计 BIPV 建筑时要考虑电池板本身的电压、电流是否方便光伏系统设备选型，但是建筑物的外立面有可能由一些大小、形式不一的几何图形组成，这会造成组件间的电压、电流不同，这个时候可以考虑对建筑立面进行分区及调整分格，使 BIPV 组件接近标准组件电学性能，也可以采用不同尺寸的电池片来满足分格的要求，以最大限度地满足建筑物外立面效果。另外，还可以将少数边角上的电池片不接入电路，以满足电学要求。

另外，光伏幕墙安装在建筑上，可能会出现被周围建筑遮挡的情况。如果部分太阳能电池被遮挡，则被遮挡的电池把功率以热的方式耗尽，降低整体发电效率。时间过长易导致故障产生，造成整个光伏电池组件损坏。因此，光伏幕墙应安装在日照最多、阴影最少的地方；并且尽量保证组件上部和下部的空气流通，以保持尽可能低的温度。在建筑密度较高的城市，建筑应用光伏幕墙应结合建筑所在地块建筑现状和规划，采用计算或实验的方法对遮挡问题进行预测，尽量避免周边建筑对光伏幕墙的遮挡。若存在太阳光大面积被遮挡的情况，则不适宜安装光伏幕墙。

太阳能夹层玻璃组件也称全玻组件，在玻璃屋顶、玻璃幕墙、玻璃厅房等建筑中可广泛安装使用。有些组件还包括独特的保温单元。太阳能光伏组件通过调节太阳能电池片之间的间隙，优化光线透射，使明暗度和透光性达到理想的设计效果。

全玻组件上层为透明钢化或半钢化玻璃。中间的太阳能电池片采用 2mm 厚的聚乙烯醇缩丁醛（PVB）树脂进行封装。底层玻璃同样为钢化或半钢化玻璃，其厚度一般与顶层玻璃相同，可做成印花玻璃或彩色玻璃。

全玻组件的玻璃厚度组合通常为 6mm＋6mm、8mm＋8mm 或 10mm＋10mm，取决于组件自身的尺寸大小以及对抵御机械载荷能力的要求。在建筑结构中，一般都要求玻璃组件能够起到保温隔热的作用。在温度较高的环境下，组件的底层玻璃下面可添加保温窗结构，填充氩气或空气后，可降低其热传导率。需要增加组件强度或安全性时，底层玻璃可使用夹层安全玻璃替代。

6.4 太阳能光伏建筑一体化原则与应当注意的问题 ◀◀◀

6.4.1 太阳能光伏建筑一体化原则

（1）生态理念

建筑本身应该具有美学形式，而太阳电池板系统与建筑的整合使建筑外观更加具有魅力。建筑中的太阳电池板使用不仅很好地利用了太阳能，极大地节省了建筑对能源的使用，而且还丰富了建筑立面设计和立面美学。BIPV 设计应以不损害和影响建筑的效果、结构安全、功能和使用寿命为基本原则，任何对建筑本身产生损害和不良影响的 BIPV 设计都是不合格的设计。

（2）建筑特征和美学特征融合

太阳电池板的比例和尺度必须与建筑整体的比例和尺度相吻合，与建筑的功能相吻合，这将决定太阳电池板的分格尺寸和形式。太阳电池板的颜色和肌理必须与建筑的其他部分相和谐，与建筑的整体风格相统一。一方面要考虑建筑效果，如颜色与板块大小；另一方面要考虑其受光条件，如朝向与倾角。光伏组件设计，涉入电池片的选型要综合考虑外观色彩与发电量，还要考虑组件的密封与安装形式。

BIPV 建筑首先是一个建筑，建筑物对光影要求甚高。但普通光伏组件所用的玻璃大多为布纹超白钢化玻璃，其布纹具有磨砂玻璃阻挡视线的作用。如果 BIPV 组件安装在大楼的观光处，这个位置需要光线通透，这时就要采用光面超白钢化玻璃制作双面玻璃组件，用来满足建筑物的功能。同时为了节约成本，电池板背面的玻璃可以采用普通光面钢化玻璃。BIPV 建筑的外观效果，有时候细微的不协调都是不能容忍的。但普通光伏组件的接线盒一般粘在电池板背面，因接线盒较大，很容易破坏建筑物的整体协调感，通常不为建筑师所接受，因此 BIPV 建筑中要求将接线盒省去或隐藏起来，这时的旁路二极管没有了接线盒的保护，要考虑采用其他方法来保护它，需要将旁路二极管和连接线隐藏在幕墙结构中。比如将旁路二极管放在幕墙骨架结构中，以防阳光直射和雨水侵蚀。普通光伏组件的连接线一般外露在组件下方，BIPV 建筑中光伏组件的连接线要求全部隐藏在幕墙结构中。

（3）保温隔热与自然通风结合

光伏系统和建筑是两个独立的系统，将这两个系统相结合，所涉及的方面很多，要发展光伏与建筑集成化系统，并不是光伏制作者能独立胜任的，必须与建筑材料、建筑设计、建筑施工等相关方面紧密配合，共同努力，才能成功。保温隔热与自然通风要很好地结合。使太阳电池板从一个单纯的建筑技术产品很好地融合到建筑设计和建筑艺术之中。

（4）建筑的初始投资与长期投资的平衡

综合考虑建筑运营成本及其外部成本。建筑运营体现在建筑物的策划、建设、使用及其改造、拆除等全寿命周期的各种活动中，建筑节能技术、太阳能技术以及生态建筑技术对建筑运营具有重要影响。不仅要关注建筑初期的一次投资，更应关注建筑的后期运营和费用支出，不但要满足民众的居住需求，也要关注住房使用的耗能支出。

6.4.2　开展 BIPV 应当注意的几个问题

BIPV 应当注意在外观上、在建筑功能上以及在透光性上与建筑和谐一致。光伏建筑应该由专业设计师设计，因为传统建筑师不了解太阳能电池的发电特性，如太阳能电池方阵的朝向、被遮挡和温升等问题。

（1）太阳能电池方阵安装的朝向

太阳能电池方阵与建筑相结合，有时不能自由选择安装的朝向。不同朝向的太阳能电池方阵的发电量是不同的，不能按照常规方法进行发电量的计算。不同朝向安装的太阳能电池方阵的发电量会有不同：假定向南倾斜纬度角安装的太阳能电池方阵发电量为 100%；其他朝向全年发电量均有不同程度的减少；在不同的地区，不同的太阳辐射条件下，减少的程度是不同的。

（2）太阳能电池方阵的遮挡

太阳能电池方阵与建筑相结合，有时也不可避免地会受到遮挡。遮挡对于晶体硅太阳能电池的发电量影响最大，而对于非晶硅太阳能电池的影响小。一个晶体硅太阳能电池组件被遮挡 1/10 的面积，功率损失将达 50%；而非晶硅太阳能电池组件受到同样的遮挡，损失只有 10%。如果太阳电池不可避免会被遮挡，应当尽量选用非晶硅太阳能电池。

（3）太阳能电池方阵的温升和通风

太阳能电池方阵与建筑相结合还应当注意太阳能电池方阵的通风设计，以避免太阳能电池方阵温度过高造成发电效率降低（晶体硅太阳能电池组件的结温超过 25℃时，每升高 1℃功率损失大约为 4‰）。太阳能电池方阵的温升与安装位置和通风情况有关。德国太阳能学会就此种情况专门进行了测试，以下给出不同安装方式和不同通风条件下太阳能电池方阵的实测温升情况：

① 作为立体墙面材料，没有通风，温升非常高，功率损失 9%；

② 作为屋顶建筑材料，没有通风，温升很高，功率损失 5.4%；

③ 安装在南立面，通风较差，温升很高，功率损失 4.8%；

④ 安装在倾斜屋顶，通风较差，温升很高，功率损失 3.6%；

⑤ 安装在倾斜屋顶，有较好的通风，温升很高，功率损失 2.6%；

⑥ 安装在平屋顶，通风较好，温升很高，功率损失 2.1%；

⑦ 普通方式安装在屋顶，有很大的通风间隙，温升损失最小。

（4）结构安全性与构造设计

光伏组件与建筑的结合，结构安全性涉及两方面：一是组件本身的结构安全，如高层建筑屋顶的风荷载较地面大很多，普通的光伏组件的强度能否承受，受风变形时是否会影响到电池片的正常工作等；二是固定组件的连接方式的安全性。组件的安装固定不是安装空调式的简单固定，而是需对连接件固定点进行相应的结构计算，并充分考虑在使用期内的多种最不利情况。建筑的使用寿命一般在 50 年以上，光伏组件的使用寿命也在 20 年以上，BIPV 的结构安全性问题不可小视。

（5）BIPV 光伏组件的力学性能

作为普通光伏组件，只需通过 IEC 61215 的检测，满足抗 130km/h（2400Pa）风压和抗 25mm 直径冰雹 23m/s 的冲击的要求。用作幕墙面板和采光顶面板的光伏组件，不仅需要满足光伏组件的性能要求，同时要满足幕墙的三性实验要求和建筑物安全性能要求，需要通过严格的力学计算得到更高的力学性能和采用不同的结构方式。例如尺寸为 1200mm×530mm 的普通光伏组件一般采用 3.2mm 厚的钢化超白玻璃加铝合金边框就能达到使用要求。但同样尺寸的组件用在光伏建筑中，在不同的地点，不同的楼层高度，以及不同的安装方式，对它的玻璃力学性能要求就可能是完全不同的。

（6）BIPV 考虑与环境、气候等条件相协调

太阳能光伏一体化建筑的电池方阵所能获得的辐射量决定了它的发电量。太阳辐射量与太阳高度、地理纬度、海拔高度、大气质量、大气透明度、日照时间等有关。一年当中四季的变化，一天当中时间的变化，到达地面的太阳辐射直、散分量的比例，地表面的反射系数等因素都会影响太阳能的发电，但这些因素对于具体建筑而言是客观因素，几乎只能被动选择。对于光伏组件而言，光伏方阵的倾角、光伏组件的表面清洁度、光伏电池的转换率、光伏电池的工作环境状态等在设计过程中都是应该考虑的。

可以预计，光伏与建筑相结合是未来光伏应用中最重要的领域之一，其发展前景十分广阔，并且有着巨大的市场潜力。由于价格、法规等因素，BIPV 系统在短期内还难以大规模普及，但随着常规能源的日益枯竭、人们环保意识的日益提高，以及由此促进的制造工艺的革新和技术的发展，BIPV 一定会展现出强大的生命力。

6.5 光伏建筑一体化的应用

光伏建筑一体化一般分为独立安装型和建材安装型两种类型。

① 独立安装型。是指普通太阳电池板施工时通过特殊的装配件把太阳电池板同周围建筑结构体相连。优点是普通太阳电池板在普通流水线上大批量生产，成本低，价格便宜，既能安装在建筑结构体上，又能单独安装。缺点是无法直接代替建筑材料使用，光伏组件与建材重叠使用造成浪费，施工成本高。

② 建材安装型。是在建材生产时把太阳电池片直接封装在特殊建材内，如

屋面瓦单元、幕墙单元、外墙单元等，外表面设计有防雨结构，施工时按模块方式拼装，集发电功能与建材功能于一体，施工成本低。相比较而言，建材安装型的技术要求相对更高，因为它不仅用来发电，而且承担建材所需要的防水、保温、强度等要求。但是由于必须适应不同的建筑尺寸，很难在同一条流水线上大规模生产，有时甚至需要投入大量的人力进行手工操作生产。建材安装型又分为：屋顶一体化、墙面一体化、建筑构件一体化等。屋顶一体化方式，是指将太阳电池板做成屋面板或瓦的形式覆盖平屋顶或坡屋顶整个屋面，也可以覆盖部分屋面，后者与建筑的整体具有更高的灵活性。太阳电池板与屋顶整合一体化，一是可以最大限度地接受太阳光的照射，二是可以兼作屋顶的遮阳板或者做成通风隔热屋面，减少屋顶夏天的热负荷。

　　考虑到两种方式的特点，对应用普及来说，独立安装型优先考虑。下面以家庭屋顶安装太阳电池系统为例，讲述光伏建筑一体化的应用。

　　家庭屋顶安装分布式光伏发电特指在用户场地附近建设（图 6-4、图 6-5），运行方式以用户侧自发自用、多余电量上网，且在配电系统平衡调节为特征的光伏发电设施。一般而言，一个分布式光伏发电项目的容量在数千瓦以内。与集中式电站不同，光伏电站的大小对发电效率的影响很小，因此对其经济性的影响也很小，小型光伏系统的投资收益率并不比大型的低，能够在一定程度上缓解局地的用电紧张状况。但是，分布式光伏发电的能量密度相对较低，每平方米分布式光伏发电系统的功率仅约 100W，再加上适合安装光伏组件的建筑屋顶面积有限，不能从根本上解决用电紧张问题。大型地面电站发电是升压接入输电网，仅作为发电电站而运行；而分布式光伏发电是接入配电网，发电用电并存，且要求尽可能地就地消纳。

图 6-4　太阳能电池屋顶外观图三

　　据 2013 年统计，国际上分布式光伏发电占光伏发电的 67% 左右，德国、美国、日本等主流国家的分布式光伏发电所占比例更是高达80%以上，而我国的分布式光伏应用较低，我国目前仍以大型电站占绝对主导，未来家庭屋顶安装分布式光伏潜在成长空间巨大。

屋顶并网发电全套系统包括：太阳电池组件、支架、逆变器和计量表。计量表用于记录发电量和上网电度。

图 6-5　太阳能电池屋顶外观图四

6.5.1　家庭安装太阳电池组件的简单测量工具

利用万用表可以方便地大致确定太阳电池组件的方位。一般在中午11:30～1:00,通过调节发电板的方位，使太阳电池组件的电压、电流值达到最大化，此时的位置可以确定为太阳电池组件的较佳角度方位。当然，还要参考方位经度、维度的理论值。

下面简单介绍万用表（MF）的使用方法。左手拿万用表，右手像拿筷子一样拿两支测笔，黑线为负（一）极，红线为正（＋）极。测直流电压（DCV）的方法：把仪表的白点放在"50"（DCV）的位置上，把红线头插在表面"＋"号上，黑线头插在表面"一"号上，然后把红色测点放在光伏板接线盒右边"＋"极，黑色测点放在光伏板接线盒的左边"一"极，此时的仪表读数为电池板的电压，一般在12～36V之间。测量交流电压（ACV）的方法：把仪表上的白点对准"250"挡位，将红黑两支笔"任意"接到高压电被测的两个点上，此时表上的数值为交流电压。测交流时不分"＋""一"极任意插到测点都可以。把表的白点对准"500"挡位（DCmA），然后把红线从表面拔出插到仪表上"10A"孔内，将红线正极接入光伏电池板右边正极线段，黑色负极接入左边的负极线端，此时可通过调整光伏板的方位角度使电流值达到最大化。

6.5.2　一般家庭屋顶太阳电池系统控制器的规格、型号识别

个位数表示电压等级，如：X1、XX1、XX2、XX3、XX4 对应 12V、12V、24V、36V、48V。

十位数表示电流等级，如：5X、10X、20X、30X 对应 5A、10A、20A、30A。

例如：51 表示电流 5A（安）、电压 12V（伏）；101 表示电流 10A（安）、电压 12V（伏）；203 表示电流 20A（安）、电压 36V（伏）；304 表示电流 30A（安）、电压 48V（伏）。

小型独立光伏系统控制器的数字表示它能控制的电压和电流的最大值。控制器内部设有过充、过放、过热等保护数据。控制器内部设有显示窗口。控制器内设有工作状态指示。左边第一个指示灯亮表示光伏板正在发电（为绿灯），不亮表示光伏板没有发电。左边第二个指示灯为红色表示亏电，为黄色表示欠电压，为绿色表示正在充电，为绿色闪烁表示电已充满。左边第三个灯亮表示电流正在输出电量。控制器内设有三路接线端，左边第一个"＋"右边"－"极接充电池负极；中间一组正极接电瓶的正极，负极接电瓶的负极；第三组用于接负载设置自动控制工作时间。

6.5.3　一般家庭屋顶太阳电池系统转换器（逆变器）DC-AC 的认识

逆变器的作用是将直流电转换成交流电，DC 表示直流，AC 表示交流。逆变器的功率（P）为 120～10000W。逆变器的供电电压（DC）12V、24V、36V、48V、96V 为直流电压，是它所适应电瓶的电压，电瓶一块均为 12V，24V 为两块电瓶串联，36V 为三块电瓶串联，48V 为四块电瓶串联，96V 为八块电瓶串联，逆变器的输出电压（AC）110V、220V 为交流电压，一般为 220V 电压。逆变器的频率（F）为 50Hz。

逆变器的波形分为纯正弦波和方波。

① 正弦波的波形为圆弧形，修正直流电的难度大，转换出的电波和国家电网的电波一样，这种逆变器价格较高，可带电磁炉、微波炉等待磁场的电器也叫高频逆变器。

② 方波的逆变器输出电波形状为方形，修正直流电的难度较小，转换出的电波和国家电网电波不一样，小于 50Hz 对家电有损坏，会降低家电使用寿命，价格相对较低，可带电视、洗衣机、电扇等小功率容性负载，但不可以负载电磁炉、微波炉等。正弦波光伏逆变器分为高频和工频，区别在于：高频的体积小、质量小、效率高，适合带任何容性负载，如电脑、电视机、打印机、传真机等开

机启动没有峰值的电器；工频的体积大、质量大、转换效率相对高频较低一些，适合负载任何感性负载，如空调、冰箱、发电机等大功率启动峰值增大的电器。

各种家用电器启动电流峰值不同。饮水机为 3A 电流，豆浆机为 3.7A 电流，电磁炉为 9A 电流，微波炉为 5A 电流，电视、电脑为 0.3A 电流，全自动洗衣机为 2A 电流，电饭锅为 4.2A 电流，电冰箱为 8A 电流。

6.5.4　一般家庭屋顶太阳电池系统蓄电池

蓄电池在家庭独立型或混合型光伏系统中使用，并网的家庭光伏系统不使用。蓄电池用于储存太阳能电池板发出的直流电。在系统配置中光伏板的电压高于蓄电池 1.5 倍为最佳配置，比如光伏板的电压为 17V 充 12V 的一块电瓶最合适，再比如光伏板电压为 36V 充 24V 的两块串联电瓶最合适，配置低于 1.5 倍会因为电压太低充不上电，高于 1.5 倍电压太高会充坏电瓶。

100A·h 的电瓶用 10A 的电流充最合适，120A·h 的电瓶用 12A 的电流充最合适，140A·h 的电瓶用 14A 的电流充最合适。

光伏板串联增加电压电流不变，并联增加电流电压不变，电流越大用的导线越粗，电压越高用的导线越细。电瓶串联增加电压电流不变，例如 120A·h 两块电瓶串联电压为 24V、电流为 120A，正极接负极，负极接正极。电瓶并联增加电流电压不变，例如：100A·h 两块电瓶并联电压为 12V，电流为 200A，正极接正极，负极接负极。离网发电系统电压以电瓶电压为准，控制器控制的系统电流为光伏板功率除以系统电压，如：300W 光伏板除以 24V 电瓶电压为 12.5A，电流控制器要用 20A 控制器。

6.5.5　一般家庭屋顶太阳电池系统的接线方法

① 光伏板的正负极接到控制器左边第一组的正负极上，光伏板左边负极右边正极。

② 蓄电池的正负极接到控制器中间一组的正负极上。

③ 逆变器直流端的正负极接到蓄电池的正负极上。

④ 逆变器交流端接到负载上。

⑤ 直流 LED 灯正负极接到控制器最后一组正负极上。

⑥ 调控制器上数显窗口，控制灯的用电时间。

在离网发电系统中逆变器的功率决定负载的功率，负载越大用的逆变器也越大。

6.5.6　一般家庭屋顶太阳电池系统的基本参数

功率 P ＝电压×电流

光伏板的发电量＝电压×电流×日照时间

一般中原地区日照每瓦每年发电 1.15 度。250W 光伏板每年发电 287 度。

逆变器的电量需求 50A/kW。1000W 的逆变器每小时需 50A 电流，1500W 的逆变器每小时需 1.5×50A＝75A 电流，2000W 的逆变器每小时需 2.0×50A＝100A 电流。

光伏板的发电量先存入电瓶再经过逆变器变为交流电供家电使用，所以电瓶的放电量要大于逆变器的需求才能正常工作，否则负载不能使用，电瓶的放电量大于逆变器的需求量越多供电时间越长。

下面以 3kW 离网发电系统配置为例说明系统配置。光伏板 260W，4 块，采取二串二并型，电瓶四块串联。单块光伏板电压 34.8V，电流 7.48A，电压四块电瓶串联 48V，那么，系统功率 260×4＝1040W，功率 1040W÷电压 48V＝系统电流 21.6A，控制器用 30A/48V 的控制器，1040W 太阳能板/480A·h 电瓶，完全饱和 4～5h。

关于负载工作时间的计算。例如 60A·h 电池一块，负载功率 100W。电池放电系数为 80%，逆变器转换率为 90%，则

电池容量（60A·h）×电池电压（12V）×电池放电系数（0.8）×逆变器转换率（0.9）÷负载功率（100W）＝5.18h

该 3kW 逆变器离网发电系统负载单独工作时间，比如 40 寸电视功率 100W，单独使用 30h，电风扇功率 60W，单独使用 50h，照明功率 90W，单独使用 33h。

并网式光伏电站光伏板和逆变器按 1:1 配置最合理。逆变器功率要大于光伏板的配置，光伏板大于逆变器功率会造成发电量流失。并网逆变器的功率大小和负载没有任何关系，家用电优先用光伏电站发的电，负载功率大于逆变器的发电功率，系统会自动抽取市电补充多余功率，负载功率小于逆变器，发电功率优先用光伏电站发的电，多余部分继续输入国家电网。

蓄电池的安装。电池是必须保护的部件。电池不应直接放在水泥面上，因为这样会增加自放电，这种情况在表面潮湿的水泥面上更为严重。如果用开放式电池则必须提供放气，以免引起爆炸。任何电池均应放在那些非专业人员接触不到的地方，尤其是不要让小孩靠近电池。如果会出现结冰温度，那么电池必须安装在水密性的盒子内并埋于地下霜冻线以下或者是将电池置于能保持温度高于零摄氏度的建筑物中。如果要埋电池，应选择一个排水性良好的地点，且为电池挖一个排水孔。

控制器和逆变器通常会与开关、保险等安装在控制中心内。控制器必须安装在接线盒中，且能把其他元件如二极管等固定在其上。过热会缩短电池寿命，故接线盒应安置在阴凉通风的地方。控制器不要与电池安装在一起，因为电池产生的腐蚀气体可能引起电子元件失效。逆变器应安装在可控制环境中，因为过高的温度和大量的灰尘会减少逆变器的寿命且可能引起故障。逆变器也不应同电池安装在同一盒内，因为腐蚀性气体破坏电子元件而逆变器开关动作时产生的火花可

能会引起爆炸。但是为了减少导线的阻抗损失，逆变器应安装在尽可能靠近电池的地方。在逆变为交流电时，因为交流电压通常比直流电压高，所以逆变器的输出端的导线尺寸可以缩小一些。逆变器的输入输出回路应有保险或断路器。这些保险器件应安装在醒目的位置上，且其上标注清晰。最后还要强调的是在安装时不要忽视接地的工作，它关系到人和设备的安全问题，应认真对待。

6.5.7　目前家庭并网光伏发电站的申办流程

国家鼓励单位个人安装家庭并网光伏发电站，各地政策类似，下面以洛阳市为例，说明目前家庭并网光伏发电站的申办流程。

① 业主提出并网申请，到当地的电网公司大厅（电业局）进行备案。

② 电网企业受理并网申请，并制订接入系统方案。

③ 业主确认接入系统方案，并依照实际情况进行调整重复申请。

④ 电网公司出具接网意见函。

⑤ 业主进行项目核准和工程建设。

⑥ 业主建设完毕后提出并网验收和调试申请。

⑦ 电网企业受理并网验收和调试申请，安装电能计量装置（原电表改装成双向电表）。

⑧ 电网企业并网验收及调试，并与业主联合签订购售电合同及并网调度协议。

⑨ 正式并网运行。

地市公司营销部（客户服务中心）或县级公司城市营业厅负责受理并网申请，协助客户填写并网申请表，接受相关支持性文件。支持性文件必须包括以下内容：

① 申请人身份证原件及复印件或法人委托书原件（或法人代表身份证原件及复印件）；

② 企业法人营业执照（或个人户口本）、土地证、房产证等项目合法性支持性文件；

③ 政府投资主管部门同意项目开展前期工作的批复（需核准项目）；

④ 项目前期工作相关资料。

地市公司营销部（客户服务中心）或县级公司客户服务中心在 2 个工作日内，负责将并网申请材料传递至地市经研所制订接入系统方案，并抄报地市公司发展策划部、营销部（客户服务中心）。

市经研所在 14 个工作日内，为分布式光伏发电项目业主提供接入系统方案。地市公司在 2 个工作日内，负责组织相关部门对方案进行审定、出具评审意见。方案通过后地市公司或县公司客户服务中心在 2 个工作日内，负责将 10（20）kV 接入电网意见函或 10（20）kV、380V 接入系统方案确认单送达项目业主，并接受项目业主咨询。

10（20）kV 接入项目，地市公司或县公司客户服务中心在项目业主确认接入系统方案后，地市公司发展部出具接入电网意见函，抄送地市公司运检部、营销部、调控中心，并报省公司发展部备案。省公司 5 个工作日内向项目业主提供接入电网意见函，项目业主根据接入电网意见函开展项目核准和工程建设等后续工作。

380V 接入项目，供电公司与项目业主双方盖章确认的接入系统方案等同于接入电网意见函。项目业主确认接入系统方案后，5 个工作日内营销部负责将接入系统方案确认单抄送地市公司发展部、运检部。项目业主根据接入电网意见函开展项目核准和工程建设等后续工作。

分布式光伏发电项目主体工程和接入系统工程竣工后，客户服务中心受理项目业主并网验收及并网调试申请，接受相关材料。

地市公司或县公司客户服务中心在受理并网验收及并网调试申请后，2 个工作日内协助项目业主填写并网验收及调试申请表，接受验收及调试相关材料。相关材料同步并报地市公司营销部、发展部、运检部、调控中心。受理并网验收及并网调试申请后，8 个工作日内地市公司或县公司客户服务中心负责现场安装关口电能计量装置。3 个工作日内地市公司或县公司客户服务中心负责与业主（或电力客户）签订购售电合同。若项目业主（或电力客户）选择全部发电量上网的项目，地市发展策划部 3 个工作日内负责将相关资料报送至省公司发展策划部，由省公司发展策划部组织签订购售电合同。合同和协议内容执行国家电力监管委员会和国家工商行政管理总局相关规定。10（20）kV 接入的分布式光伏发电项目，5 个工作日内由项目所在地的地市或县公司调控中心负责与项目业主（或电力用户）签订并网调度协议。

购售电合同、调度并网协议签订完成，且关口电能计量装置安装完成后，10 个工作日内地市公司或县公司客户服务中心组织并网验收及并网调试，向项目业主出具并网验收意见，安排并网运行。验收标准按国家有关规定执行。若验收不合格，地市公司或县公司客户服务中心向项目业主提出解决方案。

6.6　家庭分布式光伏发电设计与安装

6.6.1　分布式光伏发电系统设计

根据用户需求设计电池板功率。

安装分布式发电系统前，要根据用户的需求设计电池板的功率。首先要考虑用户每日的用电量，太阳能光伏发电首先要满足用户的家庭用电，这样的设计才能够有多余的电量上传给国家电网。目前的城镇每户的每月平均用电量为150度（1度＝1kW·h，下同），即每日的用电量为5度，按照两千瓦的电池板系统，每日的平均光照为6h，这样每小时的发电量为1.5度，每天的发电量即为9度。这样不仅可以满足自己的用电而且可以将剩余的电力上传至国家电网。

家用太阳能光伏发电系统配置的简便计算方法：由于地球表面太阳常数约等于$1kW/m^2$，这一辐射强度是太阳能光伏发电系统中电池组件测试的标准光强。对于交流系统设计来说，与直流系统方法原则上一样，只是在系统效率取值时，加入了逆变器的效率以及在选择主回路导线线径上有所区别。关于逆变器在系统中的效率不能仅仅与其他效率相乘得到系统总效率，还应对这样计算出的系统总效率进行修正。

根据房屋面积设计电池板功率。

在申请并网发电的同时，需要上交用户的房产证明，并且还要统计房屋的屋顶面积，这不仅是安装的前提，还要考虑到相应的太阳能电池板是否能够安装在用户的屋顶上。因为相应功率的发电系统需要配置相应的电池板数目，还要考虑到房屋整天的光照条件，这样就必须计算房屋面积来确保太阳能发电系统的正常安装。

从理论上来说，所有的居民都可以申请分布式光伏发电，但事实上分布式光伏发电对屋顶面积的要求还是相当高的。建议先考虑一下光伏组件的安装位置和安装面积，通常来说，南屋面或者东西朝向的屋面都比较适合安装，另外有院子或者阳台的家庭也可以考虑安装阳光棚、车棚或者遮阳棚。一般而言，1kW装机容量需要屋顶面积$10m^2$。目前来说，别墅、联排、边远地区和农村等独门独户的房屋比较适合分布式光伏发电项目。如果是居民小区，则手续可能比较烦琐，需要整个单元或者楼栋内有利害关系的业主签字同意才能安装。

考虑并网条件和当地电网情况。

对于利用建筑屋顶及附属场地新建的分布式光伏发电项目，发电量可以"全部自用""自发自用剩余电量上网"或"全额上网"，可由用户自行选择上网模式。

根据电池板功率选择配套的逆变系统。

太阳能逆变器的主要功能是将直流电逆变成交流电。通过全桥电路，采用处理器经过调制、滤波、升压等，得到与照明负载频率、额定电压等相匹配的正弦交流电供系统终端用户使用。有了逆变器，就可使用电池板的直流电源提供交流电。所以就要根据电池板的发电功率来确定逆变器的规格，目前的分布式的发电系统的逆变器都是1～10kW的规格，电压一般为12V、24V和48V，只有电压和功率符合逆变器了，这样的系统才能正常运转，才能延长这个发电系统的寿命。

这里简单介绍电池板的功率计算方法：

所发总电量＝光伏板数量×发电时间×实际发电效率

光伏板数量＝所需电量/发电时间/逆变器实际效率

所需逆变功率＝所有用电器同时使用的功率之和/逆变器实际效率

逆变器是最需要慎重选择的部分。我们计算的是家用电器同时使用的额定功率，并考虑电器都错开使用的情况。而当同时使用时，往往电器在开始启动时，所需要的功率是峰值功率，远远地大于额定功率。所以逆变功率要加大，比如1600W 的总功率建议使用 3000W 以上的逆变器。峰值功率的问题，在发电部分、储能部分都有影响，需要适当地加大。而逆变实际承载功率也是一项大问题，这往往要选择优质的逆变器，差的逆变器很多都是标称远小于实际承载的功率。

逆变器不只具有直交流变换功用，还具有最大程度地发扬太阳电池功能的功用和系统毛病维护功用。归结起来有主动运转和停机功用、最大功率跟踪节制功用、防独自运转功用、主动电压调整功用、直流检测功用、直流接地检测功用。

同时也要考虑逆变器的效率问题。对这些逆变器中采用的功率电路进行了考察，并推荐针对开关和整流器件的最佳选择。太阳光照射在通过串联方式连接的太阳能模块上，每一个模块都包含了一组串联的太阳能电池单元。太阳能模块产生的直流（DC）电压在几百伏的数量级，具体数值根据模块阵列的光照条件、电池的温度及串联模块的数量而定。

6.6.2　硬件系统的设计

（1）支架材料的选择

① 铸铁。铸铁是由铁、碳和硅组成的合金的总称。在这些合金中，含碳量超过了在共晶温度时能保留在奥氏体固溶体中的量。碳素铸钢件由于铸态塑性和韧性低，不宜直接使用，而且在使用的过程中容易生锈，所以这里就不提倡使用铸铁。

② 角铁。角钢俗称角铁，是两边互相垂直成直角的长条钢材。铸铁含碳量高，塑性差，组织不均匀，焊接性很差，在焊接时，一般会出现焊后产生白口，焊后易出现裂纹，焊后易产生气孔的问题。而且考虑到长期使用的问题，在使用过程中也会生锈，所以这个也不予采用。

③ 镀锌角钢。镀锌角钢分为热镀锌角钢和冷镀锌角钢。热镀锌角钢也叫热浸镀锌角钢或热浸锌角钢。冷镀锌涂料主要通过电化学原理保证锌粉与钢材的充分接触，产生电极电位差来进行防腐。处理费用低：热浸镀锌防锈的费用要比其他漆料涂层的费用低。持久耐用：热镀锌角钢具有表面光泽、锌层均匀、无漏镀、无滴溜、附着力强、抗腐蚀能力强的特性，在郊区环境下，标准的热镀锌防锈厚度可保持 50 年以上而不必修补；在市区或近海区域，标准的热镀锌防锈层则可保持 20 年而不必修补。可靠性好：镀锌层与钢材间是冶金结合，为钢表面的一部分，因此镀层的持久性较为可靠。

④ 铝合金。铝合金是工业中应用最广泛的一类有色金属结构材料，在航空、

航天、汽车、机械制造、船舶及化学工业中已大量应用。工业经济的飞速发展，对铝合金焊接结构件的需求日益增多，铝合金的焊接性研究也随之深入。铝合金密度低，但强度比较高，接近或超过优质钢，塑性好，可加工成各种型材，具有优良的导电性、导热性和抗蚀性，工业上广泛使用，使用量仅次于钢。一些铝合金可以采用热处理获得良好的力学性能、物理性能和抗腐蚀性能。产品特性：艳丽多彩的装饰性、耐候、耐蚀、耐撞击、防火、防潮、隔音、隔热、抗振性好、质轻、易加工成型、易搬运安装等特性。

（2）常见屋顶的光伏支架连接方式

常见支架脚见图6-6。

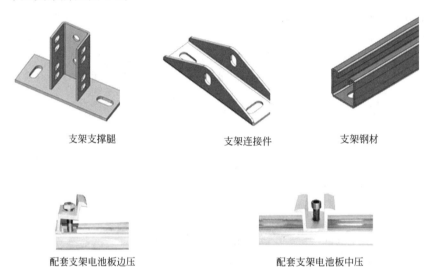

支架支撑腿　　　　　　　支架连接件　　　　　　　支架钢材

配套支架电池板边压　　　　　　　　配套支架电池板中压

图 6-6　常见支架脚

手动式焊接支架见图6-7。

图 6-7　手动式焊接支架

太阳能电池板间的连接见图 6-8。

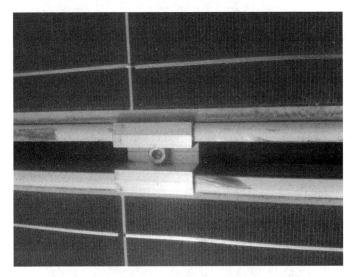

图 6-8　太阳能电池板间的连接

非焊接式支架与水泥墩间的连接见图 6-9。

图 6-9　非焊接式支架与水泥墩间的连接

非焊接式滑动式支架的安装见图 6-10～图 6-12。

图 6-10　非焊接式滑动式支架（上）的安装

图 6-11　非焊接式滑动式支架（下）的安装

图 6-12　非焊接式滑动式支架（中）的安装

可折叠式支架见图 6-13。

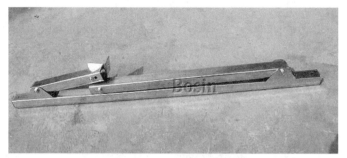

图 6-13　可折叠式支架

（3）支架与固定物间的连接

支架与水泥墩的连接见图 6-14。

图 6-14　支架与水泥墩（青石墩）的连接

支架也可以直接固定在地面上，见图 6-15。

图 6-15　支架也可以直接用螺钉固定于地面上

非焊接式电站的地面连接见图 6-16。

图 6-16　非焊接式电站地面连接

支架与顶棚的连接见图 6-17。支架与顶棚连接常用的胶泥见图 6-18。

图 6-17　支架与顶棚的连接

图 6-18　支架与顶棚连接常用的胶泥

6.6.3 支架的总体结构设计

（1）在水泥屋顶浇筑水泥墩（图 6-19）

这是最常见的安装方式。

图 6-19　太阳能电池支架水泥墩

优点：稳固，不破坏屋顶防水。

缺点：需要大量人工、耗时，水泥墩需要一周以上的固化养护时间，在水泥墩完全固化后，才可安装支架，需要大量的预制模具。

（2）预制水泥砖

优点：相对制作水泥墩省时，可提前定做配重水泥砖，节省水泥地埋件。

缺点：运输不方便，增加运输成本。

（3）钢构连接

在支架的立柱底端做法兰盘，利用镀锌型钢将若干支架阵列连接在一起，500kW 甚至一个兆瓦以上为一个单位，利用支架阵列自重增加抗风性，只需在屋顶承重点做少数水泥墩，固定大型支架阵列，见图 6-20。

优点：安装快捷简便，方便拆卸。

缺点：造价高，支架成本不少于 1 元/W。

（4）彩钢瓦屋顶支架选用

彩钢瓦厂房安装简便，但是国产彩钢瓦寿命为 10～15 年，安装光伏电站后检修困难，隐患过多。彩钢瓦最常见的有三种：直立锁边型，角驰型，梯型。对于直立锁边型与角驰型彩钢瓦，多利用彩钢瓦的波峰，使用专用铝合金夹具固定支架导轨，见图 6-21。

图 6-20　太阳能电池支架钢构连接

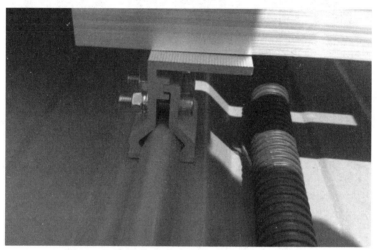

图 6-21　太阳能电池支架彩钢瓦屋顶支架选用

彩钢瓦寿命为 10～15 年，承重在 15～30kg/m² ，多采用平铺安装。

6.6.4　硬件结构的安装

① 准备工作。经供电部门批准后，根据业主提供的场地面积或就地测量，太阳能电池板串并联，设计出合理的施工电路图，以及太阳能电池板、逆变器等规格参数的选择等。根据场地的不同类型，设计太阳能电池板组阵的排列方式，一般选取 N 形、长方形等排列方式，一般家庭式分布光伏发电系统采用系统全串联方式。市场购买正规的光伏设备。

② 连接支架。焊接支架或用滑动螺钉连接支架，以钢性材料为主，一般结构为两个三角形和一个长方形构成的直角三棱柱状。支架用于放置太阳能电池

板，使太阳能电池板倾斜一定的角度来获得比较大的光电转换效率，以洛阳地区为例 30°～40° 为适合角度。

③ 地面固定。将焊接好的支架与被切割好的青石墩（此处以青石墩为例）连接，水泥墩或青石墩固定于支架的四角，使太阳能电池板和支架稳定地坐落于场地上。在支架脚的对角线上安装两颗膨胀螺钉与青石墩连接（支架角各边与正方体青石墩各边平行），根据支架脚的多少，依次类推，将支架与青石墩固定。

④ 放置、连接太阳能电池板。将太阳能电池板放置于被固定好的支架上面，用普通螺钉将支架与太阳能边缘连接，每块太阳能电池板用四个普通螺钉固定。螺钉用于将支架与青石墩连接，以及将太阳能电池板与支架连接。将每块太阳能电池板串联，通过汇流箱（一般用于大型分布式光伏发电站，小型家庭分布式光伏发电系统不用汇流箱）后，接入 DC-AC 逆变器，将太阳能电池板发出的直流电转换成交流电，供给负载用电。同时，逆变器与供电部门提供的双向表头相接，将余电上网（一般黑线接负极，红线接正极）。双向电表是在分布式光伏发电系统建成并经供电部门验收合格后，免费赠送的电能表，它可以详细地记录太阳能电池板发的总电量以及上网电量。

⑤ 检查。由整体到部分或由部分到整体，检查各线头的连接，如有必要，可以加塑料管等密封装置保护光伏电缆，检查各光伏装置之间的连接。

6.6.5　家庭分布式光伏发电站案例

以 5kW 家庭分布式光伏发电站为例，电站建造在洛阳师范学院物理楼顶。需要材料：太阳能电池板、支架、正方体青石墩、膨胀螺钉、普通螺钉、逆变控制器一体机。

设计图见图 6-22。

安装步骤如下。

步骤一：准备工作。测量房顶面积，设计太阳能电池板分布图。

步骤二：焊接支架或买已经焊接好的适合的支架，见图 6-23。

步骤三：将焊接好的支架与被切割好的青石墩连接，在支架脚的对角线上安装两颗膨胀螺钉与青石墩连接（支架角各边与正方体青石墩各边平行），依次将支架与青石墩固定，见图 6-24。

步骤四：将太阳能电池板放置于被固定好的支架上面，用普通螺钉将支架与太阳能边缘连接，每块太阳能电池板用四颗普通螺钉固定，见图 6-25。

步骤五：将每块太阳能电池板串联（图 6-26），接入逆变器，用万用表或者其他设备测量电池板是否正常工作，先测量每块电池板的电压是否正确，再测量串联的电池板的电压是否正常。安装 DC-AC 逆变器与电能表见图 6-27，逆变器读数显示见图 6-28。

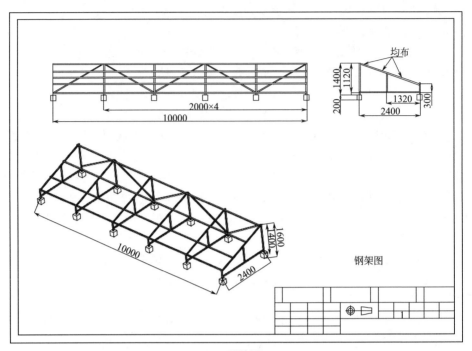

(a)设计图1

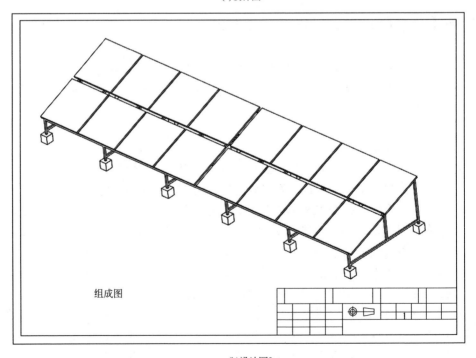

(b)设计图2

图 6-22　设计图

图 6-23　支架

图 6-24　支架与青石墩之间的连接

图 6-25　连接

图 6-26　太阳能电池板串联

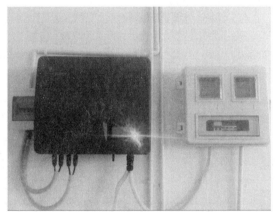

图 6-27　DC-AC 逆变器与电能表

图 6-28　DC-AC 逆变器读数

步骤六：检查光伏电缆之间的连接，以及各光伏装置之间的连接。部分地方加圆形塑料管密封装置保护光伏电缆（图 6-29）。

图 6-29　塑料管保护电缆

完工后的屋顶光伏电站如图 6-30 所示。

施工结束后，屋顶应做防水处理，并应符合国家现行标准《屋面工程质量验收规范》GB 50207 的要求。预制基座应放置平稳、整齐，不得破坏屋面的防水层。钢基座及混凝土基座顶面的预埋件，在支架安装前应涂防腐涂料，并妥善保护。连接件与基座之间的空隙，应采用细石混凝土填捣密实。

图 6-30　屋顶光伏电站

步骤七：将电力并入国家电网。将电力接入逆变器，并有国家电网人员检查合格后接入国家电网，并网成功后看看逆变系统无误后便可以正常发电了。

习　题

一、填空题

　　1. 光伏建筑一体化一般分为＿＿＿＿＿＿和＿＿＿＿＿＿两种类型。

　　2. 分布式光伏发电的能量密度相对较低，每平方米分布式光伏发电系统的功率仅约＿＿＿＿＿＿。

　　3. 屋顶并网发电全套系统包括：＿＿＿＿＿＿、＿＿＿＿＿＿、＿＿＿＿＿＿和＿＿＿＿＿＿。

二、名词解释

　　光伏建筑一体化　　全玻组件

三、问答题

　　1. 光伏建筑一体化的优势。

　　2. 太阳能光伏建筑一体化原则与应当注意的问题。

第7章
光伏电站工程施工组织设计案例

7.1 工程概况、施工条件及工期目标 ◂◂◂

光伏电站工程要清楚工程概况、施工条件等。这里以西部某省份太阳能光伏电站工程施工组织为例。

(1) 自然位置

西部某县 10MWp 并网光伏电站工程距离县城约 15km。该县属藏区高原湖盆峡谷区，具有典型的"两山夹一谷"的地形地貌特征。场址区微地貌为山前洪积扇，地势北高南低，范围为北纬 29°16′39.8″～29°17′2.6″，东经 91°53′7.2″～91°53′35.5″。面积约 0.3km²，海拔 3600～3700m。工程太阳能资源、交通、水电、材料供应及送出条件均较好。

(2) 施工条件

① 对外交通条件。项目拟选址国道 318 线与省道 306 线穿境而过，十二五规划建设的拉林铁路也将经过此地。中国移动、中国电信覆盖整个管理区，交通便利，通信畅通。

② 施工用水。本工程附近的沿线为河流，施工用水从河流取水，可满足施工及生活用水需求，生活用水需设置过滤或沉沙设备。

③ 施工用电。冲木达 110kV 变电站坐落在场区对岸，施工用电从变电站接引，通过变压器接到施工作业面的配电柜供电。

④ 施工材料。沙石料场在场址附近，可以购买后使用自卸车运输到工作面。

(3) 地质条件

① 地质。该县属藏区高原湖盆峡谷区，具有典型的"两山夹一谷"的地形地貌特征。地势北高南低，地形复杂多变。雅江河谷在县内有 34km 左右的宽阔地带，北部高原草场上零星分布着许多小湖泊，南部为沟谷纵横的山地。

② 地层。受地质构造影响，该县地层比较单一。以雅鲁藏布江为界，以北为冈底斯-念青唐古拉地层区的拉萨-波密分区，大面积出露燕山晚期花岗岩等中酸性侵入岩。雅鲁藏布江以南属于喜马拉雅地层区的特提斯喜马拉雅北部地槽型沉积带，主要出露厚度大、岩性复杂的中生代地层，轻度变质，具有复理石及类复理石沉积，火山岩、放射虫硅质岩及混杂岩。由北向南地层岩型依次为：石灰-二叠系石英砂岩、含砾砂板岩、板岩；燕山晚期花岗岩；第三系麦拉石砾岩；蛇绿岩；类复理石。

③ 地貌。经过地质运动，某县形成以构造地貌为主的地形骨架，因内外营力的共同作用，造就各种不同的地貌类型，大体以雅鲁藏布江为界，将全县分为

南北两个迥然不同的大地貌单元。此县南部山地即属于北坡高原的一部分，北部为冈底斯山脉东延部分。整个山系由强烈褶皱的侏罗系、白垩系规模宏大的中酸性侵入岩和混合岩组成。此县地貌分为高山地貌、河谷地貌和风沙地貌。

（4）气象、水文条件

① 气候特征。受青藏高原影响，该县在气候上属高原温带季风半湿润气候区雅江中游某-加查亚区。雅江以北主要为高原温带季风半湿润气候，雅江河谷及南部地区则为高原温带季风半干旱气候。在气候垂直分带上，海拔 4000m 以下为半干旱温带高原气候，4000～5000m 之间为亚寒带高原气候，5000m 以上则属寒带高原气候。

② 气温。雅鲁藏布江河谷地带平均气温 8.2℃，最热月（7 月）均温 15.4℃，最冷月（1 月）均温−0.9℃，极端最高气温 29℃（出现在 1961 年共四天），极端最低气温−17.6℃（1962 年 1 月 3 日）。气温的月较差全年平均为 14.8℃，11 月至次年的 1 月在 16.3℃以上，以 1 月份最大，达 16.7℃，6 月份至 9 月份在 14.0℃以下，尤以 8 月份最小，只有 11.9℃。北部年平均气温 5～8℃，最暖月（7 月）平均气温 13～15℃，6 月至 9 月绝对最低气温均在 0℃以上，最冷月（1 月）平均气温−2℃左右。

③ 降水。该县河谷地带年平均降水量 429.1mm。年际变化较大，最多年（1962 年）705.7mm，最少年（1982 年）只有 277.9mm，最多年与最少年之差为 477.8mm，而且分布极不均匀。沃卡河谷年平均降水量 507.5mm，最多年（1978 年）711.4mm，最少年（1972 年）378.1mm。由于受季风势力的强弱和进退以及暖湿气流的影响，夏季高温多雨，降雨多集中在 6 月至 9 月，占全年降水量的 88.5%，并以夜雨为主，全年夜雨率达 80%以上。

④ 日照及太阳总辐射。由于海拔高，空气稀薄，水汽少，云量少，尘埃等杂质少，透明度高，太阳光能过大气层时能量损失少，加上纬度低，降雨少，故日照时间长，光照充裕，太阳辐射强，是我国太阳日照量最多的地区之一，全年平均日照时数为 2936.6h，日照百分率为 66%。最多年（1976 年）为 3038.0h，百分率为 69%；最少年（1962 年）也有 2751.6h，百分率 62%。干季云雨少，故日照多，日照百分率在 67%以上，尤以 10 月份至 12 月份为最多，达 73%左右，7、8 月适逢雨季，其日照百分率在 56%左右。

太阳总辐射年平均为 172.65kcal/cm²，其季节分配以 4 月份至 6 月份最多，达 17～19kcal/cm²。开发太阳能发电项目有非常好的前景。

⑤ 空气温度与蒸发。由于全年降水稀少，空气干燥，故全年相对湿度小，年平均值为 43%，全年变动在 39%～48%之间。7 月至 9 月平均相对湿度最大为 61%～66%，1 月至 3 月最小，在 29%以上。

该县由于太阳辐射强、风大、湿度小，故地面蒸发特别强烈，年蒸发量可达 1968.7mm。

⑥ 风。受大气环境及地形的影响，全年平均风速 3.5m/s，2 月份至 5 月份

平均风速较小，为 4.0～4.8m/s；全年大风日数 73.8 天。最大风速一般为 13m/s，最大时可达 20m/s，全年盛行单一风向，各月均以 NE（东北）为主，最大风速以 SW（南西）为主。

⑦ 冻土。该县冻土厚度平均为 10cm，最大深度可达 40cm，

⑧ 水文。该县水系发达，河流众多，高山湖泊星罗棋布，冰川发育，共同组成了以雅鲁藏布江为干流的树枝状水系格局，全县共有大小常年流水溪河 22 条。在境内北部、东部和东北部高山顶上，存在约 14km^2 的永久性积雪冰川，成为了该县巨大的地表固态水库。除此之外，尚有大小湖泊 126 个，水域总面积 623.44hm^2，储有大量的水资源。

该县境内地下水资源较为丰富，主要来自大气降水、东北部和南部渗透、河谷两侧地表径流渗透及农田回归水。县域内河谷地段的地下水大于河谷两侧山沟，北部大于南部。地下水类型为重碳酸钙和重碳酸钙镁两种类型，pH 值为 7.1，属于偏弱碱水，矿化度小于 1g/L，为淡水，对混凝土无侵蚀。县城附近的地下水埋藏较深，深度在 30～50m 之间。沃卡、白金、白堆、比巴、巴朗等村的地下水埋藏较浅，深度为 2～5m。由于多年的泥沙淤积与河床的不断抬升，使比巴河、白堆河、增期河、白金河等河流的部分地段出现地下水冒涌现象。

⑨ 自然灾害。风灾。该县平均每年大于 7 级以上的大风，主要集中在冬春季节。年均 7～8 级以上大风 25.5 天，大风多为阵风。冬春大风季节，多发生少尘天气。境内冬春季节大于 6 级以上的大风有 70 天左右。

冰雹。冰雹形成于云层厚、含水量高、对流强的雷雨云中，且随雷雨云移动，一般冰雹出现于暖季，冷季由于水分缺乏，势力对流不充分，故冰雹少。据多年观测结果表明，平均每年约发生 3 次雹灾，全县的冰雹路线主要有：增期—沃卡、里龙—白堆；扎嘎乡等。

霜冻。该县热量条件较好。平均初霜日为 9 月 18 日，终霜日为次年 5 月 15 日，霜冻期 240 天左右，无霜期 125 天，到 11 月初严重霜冻开始。

（5）施工条件、施工特点、难点及对策

① 本工程施工任务重，时间紧，交通距离远且不方便，施工人员调配难度非常大，施工强度高，带有突击性的特点。我部施工资源安排、人员和施工设备配备、材料供应等方面充分考虑这一现状，配齐、配足管理人员，配置数量足够的技术人员，加强现场管理，精心组织，科学安排好各项目的施工。

② 本工程地处藏南高原湖盆峡谷区，海拔高达 3600m，氧气含量不足、空气干燥、紫外线强，内地施工人员可能难以适应当地的气候条件，为此，我部将尽量选拔临近藏区地区的施工人员，尽量降低人员的不适应性。

③ 本工程远离城市，藏区建设市场不好，可能造成施工材料、设备供应困难，我部进场后将及时编制施工组织设计，做好施工设备及材料的计划，统一在拉萨市集中采购，保证设备和材料的供应。

最后，指定工期目标及工程质量目标。要求全部施工项目质量满足招标文件

和设计文件要求，符合国家和行业标准，所承建工程达到优良等级，单元工程合格率为 100%，单元工程优良率 85% 以上。

7.2 土建工程 <<<

本工程包括以下内容：

① 藏区某县 10MWp 并网光伏电站场区场地平整；

② 藏区某县 10MWp 并网光伏电站场区主干道工程；

③ 藏区某县 10MWp 并网光伏电站综合控制楼土建及装饰工程；

④ 藏区某县 10MWp 并网光伏电站综合控制楼的给排水（含消防）、电气照明、弱电系统设备安装以及室外配套工程（含污水处理系统）；

⑤ 藏区某县 10MWp 并网光伏电站综合控制楼接地及避雷系统；

⑥ 藏区某县 10MWp 并网光伏电站电池组件支架基础的土建工程、预埋件、接地系统（埋入部分）制作、安装；

⑦ 11 座逆变器室土建、电气照明及装饰及接地系统工程；

⑧ 水源井、水泵房土建施工；

⑨ 消防水池和生活水池工程。

（1）人员和设备准备

在与业主签订施工合同后就可以开始组织施工。首先成立项目部，并成立以项目经理为组长的各个施工小队，以技术人员和施工队长、测量小分队为成员的先遣组，对施工现场做进一步的调查，编制"实施性的施工组织设计"，制订施工方案和设备、人员、材料需用量计划，需要外购的材料、设备同有关厂商签订采购合同。完成生活设营及施工辅助设施等重点工程的布设，修筑便道、搭设便桥和平台、全线贯通复测、原材料鉴定及配合比选用等前期工程施工准备工作，确保达到开工条件，使工程按时开工。根据需要成立监理公司，在项目部的管理下进行工作，履行监理合同项中工程建设的进度、质量、安全、造价的监督管理的职责。

按照计划组织设备、人员逐步进场，根据施工组织设计，初步考虑施工队伍分批进场：首先为路基开挖、填筑、固定支架基础施工和机械操作手等人员，进行前期准备工作；然后是组件支架、组件、汇流箱、电缆和电气等安装施工人员。施工机械设备，比如挖掘机、推土机、打桩机、压路机等不便上路行驶的设备，可以用其他车辆直接运往工地，其他便于上路的设备直接从公司运往工地。

（2）施工水电等条件准备

光伏电站施工用水由建筑施工用水、施工机械用水、生活用水等组成。水源可以从附近引入，也可以打井解决。施工用水的管理、运行和维护由工程项目部项目经理部委托施工小组按其规划统一负责。各小组取水前在支管上安装水表，各施工承包商应服从用水的统一规划，按时交纳水费。施工中应合理调配施工用水，避免施工高峰用水量集中，同时施工中应注意节约用水，避免长流水。

用电从附近出线，配变电工程在光伏电站设计位置建造一个适当功率配电台区，施工线路采用电缆埋地敷设。工程所需的主要材料为砂石料、水泥、钢材、木材、油料和火工材料等，可根据情况就近购买。

（3）具体施工计划

施工原则要求：先地下、后地上，先深后浅。施工顺序及施工排水：根据总的部署原则，先施工地下工程，后地上工程。

施工总平面布置按以下基本原则进行：①施工场地、临建设施布置应当紧凑合理，符合工艺流程，方便施工，保证运输方便，尽量减少二次搬运，充分考虑各阶段的施工过程，做到前后照应，左右兼顾，以达到合理用地、节约用地的目的。②路通为先。首先开通光伏电站通向外界的主干路，然后按工程建设的次序，修建电站的厂内道路。③施工机械布置合理，施工用电充分考虑其负荷能力，合理确定其服务范围，做到既满足施工需要，又不产生机械的浪费。④总平面布置尽可能做到永久、临时相结合，节约投资，降低造价。⑤分区划片。按以点带面、由近及远的原则将整个光伏电站划分为生产综合区、光伏发电区；将光伏发电区再分成两批进行安装、调试、投运。这样既可以提高施工效率，也可以保障光伏电站分批提前投入商业运行。施工期间产生的废水要求施工单位就地修建废水集中池，待沉淀后才可外排，同时要求施工单位现场设置流动卫生间，避免生活污水外排。

根据光伏电站的总体布局，场内道路应紧靠光伏电池组件旁边通过，以满足设备一次运输到位、支架及光伏电池组件安装需要。电站内运输按指定线路将大件设备逆变器、变压器、高压开关柜等均按指定地点一次到位，尽量减少二次转运。

根据施工总平面设计及各分阶段布置，以充分保证阶段性施工重点，保证进度计划的顺利实施为目的，在工程实施前，制订详细的大型机具使用、进退场计划，主材及周转料生产、加工、堆放、运输计划，以及各工种施工队伍进退调整计划，布设网络计划，以确保工程进度。对施工平面实行科学、文明管理。

根据工程计划的实施调整情况，分阶段发布实施计划，包含采用周期计划表、负责人、执行标准、奖惩标准等。在执行中，根据各分项进场与作业计划，利用工地例会和工程调度会，充分协调、协商，及时发布计划调整书，并定期进行检查监督。

施工方案合理与否，将直接影响到工程施工的安全、质量、工期和费用。从工程的实际情况出发，结合自身特点，用科学的方法，综合分析、比较各种因素，制订科学、合理、经济的施工方案。

（4）土建施工

电站场地平整及土方施工执行《建筑地基基础工程施工质量验收规范》GB 50202—2002 的有关规定。土石方工程主要包括综合楼升压站的场平挖填方、场区道路土石方等。在施工前应详细了解工程地质结构、地形地貌和水文地质情况，对不良地质地段采取有效的预防性保护措施。根据施工用地范围，按指定地点堆放废弃渣。

在每项单位工程开工前按施工图纸和本技术条款的规定，报送有关人员审批，主要包括：①开挖施工平面和剖面布置图；②施工设备配置和劳动力安排；③出渣、弃渣措施；④质量与安全保证措施；⑤排水措施；⑥施工进度计划。

土方开挖要求：所有开挖作业均符合设计图纸和有关规范的要求。开挖的风化岩块、坡积物、残积物应按施工图纸要求开挖清理，并在填筑前完成，禁止边填筑边开挖。清除出的废料，全部运出基础范围以外，堆放在指定的场地。必须注意对图纸未示出的地下管道、缆线、文物古迹和其他结构物的保护。开挖中一旦发现上述结构物立即报告并停止作业并保护现场等候处理。土石方开挖工程完工后，按本合同规定提交以下完工验收资料：①开挖工程竣工图；②质量检查报告；③监理人要求提供的其他资料。

工程混凝土工程：混凝土主要用于支架基础和升压站，虽然总量较大，但单位时间内的需求量较小，可采用小型混凝土搅拌机搅拌的方式进行。在混凝土结构施工时要根据结构特点，采用暖棚法或蓄热法来保证混凝土不同季节施工的质量。

混凝土施工包括：①骨料的提供、运输以及试验检验所需的全部设备和辅助设施。②进行各种混凝土的配合比设计，混凝土的拌合、运输、浇筑、抹面、养护、维修和取样检验等全部混凝土施工作业，以及浇筑混凝土所需原材料的采购、运输、验收和保管。③提供模板的材料以及进行工程所需模板的设计、制作、安装、维修和拆除。④提供钢筋混凝土结构的钢筋及其制作、运输和施工。⑤提供混凝土温度控制和表面保护所需的材料和有关设备的采购、供应、制作、安装。

模板施工包括：①模板的材料供应、设计、制作、运输、安装和拆除等全部模板作业。模板的设计、制作和安装应保证模板结构有足够的强度和刚度，能承受混凝土浇筑和振捣的侧向压力和振动力，防止产生移位，确保混凝土结构外形尺寸准确，并应有足够的密封性，以避免漏浆。②在模板加工前按施工图纸要求，提交一份包括本工程各种类型模板的材料品种和规格，模板的结构设计以及混凝土浇筑模板的制作、安装和拆除等的模板设计和施工措施文件，报送审批。

材料：①工程模板一般采用钢模板；支架材料优先选用钢材、钢筋混凝土或混凝土等材料。②模板材料的质量符合现行的国家标准和行业标准。③木材的质量应达到Ⅲ等以上的材质标准，腐朽、严重扭曲或脆性的木材严禁使用。④钢模面板厚不小于 3mm，钢板面应尽可能光滑，不允许有凹坑、皱折或其他表面缺陷。

制作和安装：模板的制作满足施工图纸要求的建筑物结构外形，其制作允许偏差不超过规范规定。按施工图纸进行模板安装的测量放样，在安装过程中，设置足够的临时固定设施，以防变形和倾覆。

清洗和涂料：钢模板在每次使用前应清洗干净。为防锈和拆模方便，钢模面板应涂刷矿物油类的防锈保护涂料，不得采用污染混凝土的油剂，不得影响混凝土或钢筋混凝土的质量。若检查发现在已浇的混凝土面上沾染有污迹，应采取有效措施予以清除。木模板面应采用贴镀锌铁皮或其他隔层。

拆除：在混凝土强度达其表面及棱角不因拆模而损伤时，方可拆除。

钢筋材料施工包括：①钢筋材料的采购、运输、验收和保管，并按合同规定，对钢筋进行进厂材质检验和验点入库，监理人认为有必要时，通知监理人参加检验和验点工作。②钢筋作业包括钢筋、钢筋网和钢筋骨架等的制作加工、绑焊、安装和预埋工作。③若采用其他种类的钢筋替代施工图纸中规定的钢筋，应将钢筋的替代报告报送审批。

钢筋的材质要求：①钢筋混凝土结构用的钢筋种类、钢号、直径等均符合有关设计文件的规定。热轧钢筋的性能必须符合现行行业标准的要求。②每批钢筋均附有产品质量证明书及出厂检验单，使用前，分批进行以下钢筋力学性能试验。根据厂家提供的钢筋质量证明书，检查每批钢筋的外表质量，并测量每批钢筋的代表直径。在每批钢筋中，选取表面检查和尺寸测量合格的两根钢筋分别进行拉力试验和冷弯试验。③需要焊接的钢筋做好焊接工艺试验。

钢筋的加工和安装要求：①钢筋的表面保证洁净无损伤，油漆污染和铁锈等在使用前清除干净。带有颗粒状或片状老锈的钢筋不得使用。②钢筋应平直，无局部弯折，钢筋的调直应遵守以下规定：采用冷拉方法调直钢筋时，Ⅰ级钢筋的冷拉率不宜大于 2%；Ⅱ、Ⅲ级钢筋的冷拉率不宜大于 1%。钢筋在调直机上调直后，其表面不得有明显擦伤，抗拉强度不得低于施工图纸的要求。③钢筋加工的尺寸符合施工图纸的要求，钢筋的弯钩弯折加工符合规范的规定。④钢筋焊接和钢筋绑扎按规范规定，以及施工图纸的要求执行。

混凝土施工：在混凝土浇筑前，提交一份混凝土工程的施工措施计划，其内容包括：水泥、钢筋、骨料和模板的供应计划以及混凝土浇筑程序图和施工进度计划等。混凝土浇筑程序图应按施工图纸要求，详细编制各工程部位的混凝土浇筑以及钢筋绑焊、预埋件安装等的施工方法和程序。在施工过程中，及时向监理人提供混凝土工程的详细施工记录和报表，其内容应包括：各种原材料的品种和质量检验成果；混凝土的配合比；混凝土的保温、养护和表面保护的作业记录；浇筑时的气温、混凝土出机口和浇筑点的浇筑温度；模板作业记录和各部件拆模日期；钢筋作业记录和各构件及块体实际钢筋用量；混凝土试件的试验成果；混凝土质量检验记录和质量事故处理记录等。

为监理人进行各项混凝土工程的完工验收提交以下完工资料：各混凝土工程建筑物的隐蔽工程及其部位的质量检查验收报告；各混凝土工程建筑物的缺陷修补和质量事故处理报告；监理人指示提交的其他完工资料。

混凝土材料：水泥符合国家现行标准的规定。每批水泥出厂前，对制造厂水泥的品质进行检查复验，每批水泥发货时附有出厂合格证和复检资料。每批水泥运至工地后，监理人有权对水泥进行查库和抽样检测。水泥运输过程中注意其品种和标号不得混杂，采取有效措施防止水泥受潮。到货的水泥按不同品种、标号、出厂批号，袋装或散装等，分别储放在专用的仓库或储罐中，防止因储存不当引起水泥变质。

水：凡适宜饮用的水均可使用，未经处理的工业废水不得使用。当采用饮用水时，水质应符合国家现行标准的规定。拌合用水所含物质不应影响混凝土和易性和强度的增长，以及引起钢筋和混凝土的腐蚀。

骨料：粗细骨料的质量符合国家现行标准的规定，根据本地实际情况，基础骨料选用规格石。不同粒径的骨料分别堆存，严禁相互混杂和混入泥土；装卸时，避免造成骨料的严重破碎。对含有活性成分的骨料必须进行专门试验论证。

外加剂：根据混凝土的性能要求，结合混凝土配合比的选择，通过试验确定外加剂的掺量，其试验成果应报送监理人。用于混凝土中的外加剂，其质量及应用技术符合现行国家标准《混凝土外加剂》GB 8076—2008、《混凝土外加剂应用技术规范》GB 50119—2013 等以及有关环境保护的规定。

配合比：混凝土配合比必须通过试验选定，试验依据国家现行标准《普通混凝土配合比设计规程》JGJ 55—2011 的有关规定。混凝土配合比试验前，将各种配合比试验的配料及其拌合、制模和养护等的配合比试验计划报送监理人。

混凝土取样试验：在混凝土浇筑过程中，按《混凝土结构工程施工质量验收规范》GB 50204—2015 的相关规定和监理人指示，在现场进行混凝土取样试验，并提交以下资料：①选用材料及其产品质量证明书；②试件的配料、拌合和试件的外形尺寸；③试件的制作和养护说明；④试验成果及其说明；⑤各种龄期混凝土的容重，抗压强度，抗拉强度，极限拉伸值，弹性模量，泊松比，坍落度和初凝、终凝时间等试验资料。

拌合：拌制现场浇筑混凝土时，严格遵守经批准的混凝土配料单进行配料，严禁擅自更改配料单。除合同另有规定外，采用固定拌合设备，设备生产率应满足本工程高峰浇筑强度的要求，所有的称量、指示、记录及控制设备都应有防尘措施，设备称量应准确，其称量偏差不应超过《混凝土结构工程施工质量验收规范》GB 50204—2015 的有关规定，按指示定期校核称量设备的精度。拌合设备安装完毕后，会同监理人进行设备运行操作检验。混凝土拌合符合《混凝土结构工程施工质量验收规范》GB 50204—2015 的有关规定，拌合程序和时间均应通过试验确定。

运输：混凝土出拌合机后，应迅速运达浇筑地点，运输时间不应超过45min，运输中不应有分离、漏浆、严重泌水及过多降低坍落度等现象。混凝土入仓时，应防止离析。

浇筑：混凝土开始浇筑前8h（隐蔽工程为12h），必须通知监理人对浇筑部位的准备工作进行检查，检查内容包括：地基处理、已浇筑混凝土面的清理以及模板、钢筋、预埋件等设施的埋设和安装等；经检验合格后，方可进行混凝土浇筑。混凝土开始浇筑前，应将该部位的混凝土浇筑的配料单提交审核同意后，方可进行混凝土浇筑。

基础面混凝土浇筑：建筑物建基面必须验收合格后，方可进行混凝土浇筑工作。在软基上立模绑扎钢筋前应处理好地基临时保护层，必要时按施工图纸要求浇筑与底板同强度等级的混凝土封底；在软基上进行操作时，应力求避免破坏或扰动原状土壤，必要时按施工图纸要求浇筑底板同标号混凝土封底。

混凝土浇筑作业：混凝土浇筑应采用泵车打压送入方式进行。混凝土的浇筑连续进行、一次成型，混凝土振捣密实。

养护：混凝土浇筑完毕后，应及时洒水养护，以保持混凝土表面经常湿润。混凝土表面的养护一般应在混凝土浇筑完后12～18h内即开始，但在炎热、干燥气候情况下应提前养护。在低温季节和气温骤降季节，应进行早期表面养护。混凝土养护时间不应小于14天，在干燥、炎热气候条件下，养护时间不应少于28天。混凝土的养护工作应有专人负责，并应做好养护记录。

预埋件：在浇筑混凝土前7天，根据结构体形图和各项预埋件图，绘制所列项目预埋件的埋设一览表，报送审批。按规定的内容，提交预埋件验收资料。预埋件位置与设计图纸偏差不应超过±5mm，外露的金属预埋件应进行防腐防锈处理。在同一支架基础混凝土浇筑时，混凝土浇筑间歇时间不宜超过2h；若超过2h，则应按照施工缝处理。顶部预埋件与钢支架支腿的焊接前，基础混凝土养护应达到100%强度。

如果是静压桩式基础的施工应符合下列规定：①就位的桩应保持竖直，使千斤顶、桩节及压桩孔轴线重合，不应偏心加压。静压预制桩的桩头应安装钢桩帽。②压桩过程中应检查压力、桩垂直度及压入深度，桩位平面偏差不得超过±10mm，桩节垂直度偏差不得大于1%的桩节长。③压桩应该连续进行，同一根桩中间间歇不宜超过30min。压桩速度一般不宜超过2m/min。

砌体工程应提交包括下列内容的施工措施计划：施工平面布置图；砌体工程施工方法和程序；施工设备的配置；场地排水措排水措施施；质量和安全保证措施；施工进度计划；砌体石料的材料试验报告；质量检查记录和报表。

在砌体工程砌筑过程中，承包人应按监理人指示提交施工质量检查记录和报表。完工验收时应提交以下完工资料：砌体工程竣工图；砌体材料试验报告；砌体工程基础的地质测绘资料；砌体工程的砌筑质量报告；监理人要求提交的其他完工资料。

材料要求：砖的品种、强度等级符合设计要求，并有出厂合格证、试验单。胶凝材料的配合比满足施工图纸规定的强度和施工和易性要求。拌制胶凝材料，严格按试验确定的配料单进行配料，严禁擅自更改，配料的称量允许误差应符合下列规定：水泥为±2%；砂、砾石为±3%；水、外加剂为±1%。胶凝材料拌和过程中保持粗、细骨料含水率的稳定性，根据骨料含水量的变化情况，随时调整用水量，以保证水灰比的准确性。胶凝材料拌和：机械拌和不少于 2~3min，人工拌和至少干拌三遍，再湿拌至色泽均匀，方可使用。胶凝材料随拌随用。

支架基础施工流程：支架基础采用微孔灌注桩。施工顺序：定位→钢筋笼加工→微孔成孔→下钢筋笼→浇筑混凝土→养护。支架安装施工流程：支架采用钢结构，采用工厂化生产，运至施工现场进行安装，现场仅进行少量钢构件的加工，支架均采用螺栓连接。

施工时尽量避开暴雨、高温和低温等天气。如果一定要施工要采取特殊措施。

① 暴雨季节施工措施。现场总平面布置，应考虑生产、生活临建设施，施工现场，基础等排水措施；做好施工现场排水防洪准备工作，加强排水设施的管理，经常疏通排水沟，防止堵塞；现场规划施工时，统筹考虑场地排水，道路二侧设明排水沟；做好道路维护，保证运输畅通；加强施工物资的储存和保管，在库房四周设排水沟且要疏通，配置足够量的防雨材料，满足施工物资的防雨要求及雨天施工的防雨要求，防止物品淋雨浸水而变质；配备足够量的排水器材，满足现场、库区或必要时电缆沟道的排水需要。

② 高温季节施工措施。在高温季节，混凝土浇筑温度不得高于 28℃。合理地分层分块，采用薄层浇筑，并尽量利用低温时段或夜间浇筑；尽量选用低水化热水泥，优化混凝土配合比，掺优质复合外加剂、粉煤灰等，降低单位体积混凝土中的水泥用量，并掺加适量的膨胀剂。

③ 冬季施工措施。土方工程。基础土方工程应尽量避开在冬季施工，如需在冬季施工，则应制订详尽的施工计划，合理的施工方案及切实可行的技术措施，同时组织好施工管理，争取在短时间内完成施工。施工现场的道路要保持畅通，运输车辆及行驶道路均应增设必要的防滑措施（例如沿路覆盖草袋）。在相邻建筑侧边开挖土方时，要采取对旧建筑物地基土免受冻害的措施。施工时，尽量做到快挖快填，以防止地基受冻。基坑槽内应做好排水措施，防止产生积水，造成由于土壁下部受多次冻融循环而形成塌方。开挖好的基坑底部应采取必要的保温措施，如保留脚泥或铺设草包。土方回填前，应将基坑底部的冰雪及保温材料清理干净。

钢筋工程。钢筋负温冷拉时，可采用控制应力法或控制冷拉率法。对于不能分清炉批的热轧钢筋冷拉，不宜采用控制冷拉率的方法。在负温条件下采用控制应力方法冷拉钢筋时，由于伸长率随温度降低而减少，如控制应力不变，则伸长率不足，钢筋强度将达不到设计要求，因此在负温下冷拉的控制应力应比常温高。冷拉控制应力最大冷拉率：负温下钢筋焊接施工，可采用闪光对焊、电弧焊（帮条，搭接，坡口焊）及电渣压力焊等焊接方法。焊接钢筋应尽量安排在室内进行，如必须在室外焊接，则环境温度不宜太低，在风雪天气时，还应有一定的遮蔽措施，焊接未冷却的接头，严禁碰到冰雪。

混凝土工程。冬季施工的混凝土宜选用硅酸盐水泥或普通硅酸盐水泥，水泥标号不宜低于 32.5，每立方米混凝土中的水泥用量不宜少于 300kg，水灰比不应大于 0.6，并加入早强剂，有必要时应加入防冻剂（根据气温情况确定）。为减少冻害，应将配合比中的用水量降至最低限度，办法是：控制坍落度，加入减水剂，优先选用高效减水剂。模板和保温层，应在混凝土冷却到 5℃后方可拆除。当混凝土与外界温差大于 20℃时，拆模后的混凝土表面，应临时覆盖，使其缓慢冷却。未冷却的混凝土有较高的脆性，所以结构在冷却前不得遭受冲击荷载或动力荷载的作用。

砌体工程。水泥宜采用普通硅酸盐水泥，标号为 32.5R，水泥不得受潮结块。普通砖、空心砖、混凝土小型空心砌块，加气混凝土砌块在砌筑前，应清除表面污物、冰雪等。遭水浸后冻结的砖和砌块不得使用。石灰膏等宜采取保温防冻措施，如遭冻结，应经融化后方可使用。砂宜采用中砂，含泥量应满足规范要求，砂中不得含有冰块及直径大于 1cm 的冻结块。砌筑砂浆的稠度与常温施工时不同，宜通过优先选用外加剂的方法来提高砂浆的稠度。在负温条件下，砂浆的稠度可比常温时大 1～3cm，但不得大于 12cm，以确保砂浆与砖的粘接力。

装饰工程。正温下，先抢外粉饰，最低气温低于 0℃后，如果必须外粉饰时，脚手架应挂双层草帘封闭挡风，并用掺盐的水拌砂浆，当气温在 0～－3℃时（指三天内预期最低温度）掺 2%（按水重百分比）。冬季油漆，涂料工程的施工应在采暖条件下进行，室内温度保持均衡，不得突然变化。室内相对湿度不大于 80%，以防止产生凝结水，刷油质涂料时，环境温度不宜低于＋5℃，刷水质涂料时不宜低于＋3℃，并结合产品说明书所规定的温度进行控制，－10℃时各种油漆均不得施工。

地面工程。室内地面找平层，面层施工时应将门窗通道口进行遮盖保温，确保在室内温度为 5℃以上的条件下进行施工，室外部分预计三天温度在 0℃左右时，水泥砂浆应掺 1%～2% 的盐水溶液搅拌，并有可靠的防冻保暖措施。

屋面工程。屋面工程的冬季施工，应选择无风晴朗天气进行，充分利用日照条件提高面层温度，在迎风面宜设置活动的挡风装置。屋面各层施工前，应将基层上面的积雪、冰雪和杂物清扫干净，所用材料不得含有冰雪冻块。

钢结构工程的冬期施工。钢结构施工时除编制施工组织设计外，还应对取得合格焊接资格的焊工进行负温下焊接工艺的培训，经考试合格后，方可参加负温下钢结构施工。在焊接时针对不同的负温下结构焊接用的焊条、焊缝，在满足设计强度的前提下，应选用屈服强度较低、冲击韧性较好的低氢型焊条，重要结构可采用高韧性超低氢型焊条。

钢结构安装。编制安装工艺流程图；构件运输时要清除运输车箱上的冰、雪，应注意防滑垫稳；构件外观检查与矫正；负温下安装作业使用的机具，设备使用前就进行调试，必要时低温下试运转，发现问题及时修整。负温下安装用的吊环必须用韧性好的钢材制作，防止低温脆断。

（5）太阳电池组件安装

工程光伏发电组件一般采用固定式支架安装，待光伏发电组件基础验收合格后，进行光伏发电组件的安装。光伏发电组件的安装分为两部分：支架安装、光伏组件安装。支架安装和紧固应符合下列要求：①钢构件拼装前应检查清除飞边、毛刺、焊接飞溅物等，摩擦面应保持干燥、整洁，不宜在雨雪环境中作业。②支架的紧固度应符合设计图纸要求及《钢结构工程施工质量验收规范》GB 50205中相关章节的要求。③组合式支架宜采用先组合框架后组合支撑及连接件的方式进行安装。④螺栓的连接和紧固应按照厂家说明和设计图纸上要求的数目和顺序穿放。不应强行敲打，不应气割扩孔。⑤手动可调式支架调整动作应灵活，高度角范围应满足技术协议中定义的范围。⑥垂直度和角度应符合下列规定：支架垂直度偏差每米不应大于±1°，支架角度偏差度不应大于±1°。

光伏阵列支架表面应平整，固定太阳能板的支架面必须调整在同一平面，各组件应对整齐并成一直线，倾角必须符合设计要求，构件连接螺栓必须拧紧。

将光伏组件支架安装固定后进行光伏组件安装。安装光伏组件前，应根据组件参数对每个光伏组件进行检查测试，其参数值应符合产品出厂指标。一般测试项目有：开路电压、短路电流等。应挑选工作参数接近的组件在同一子方阵内，应挑选额定工作电流相等或相接近的组件进行串连。安装光伏组件时，应轻拿轻放，防止硬物刮伤和撞击表面玻璃。组件在基架上的安装位置及接线盒排列方式应符合施工设计规定。组件固定面与基架表面不吻合时，应用铁垫片垫平后方可紧固连接螺钉，严禁用紧拧连接螺钉的方法使其吻合，固定螺栓应拧紧。光伏组件电缆连接：按设计的串接方式连接光伏组件电缆，插接要紧固，引出线应预留一定的余量。组件到达现场后，应妥善保管，且应对其进行仔细检查，看其是否有损伤。必须在每个太阳电池方阵阵列支架安装结束后，才能在支架上组合安装太阳电池组件，以防止太阳电池组件受损。

组件之间的接线应符合以下要求：①组件间接插件应连接牢固。②外接电缆同插接件连接处应搪锡。③组串连接后开路电压和短路电流应符合设计要求，同一组串的正负极不宜短接。④组件间连接线应进行绑扎，整齐、美观、不应承受外力。⑤组件安装和移动的过程中，不应拉扯导线。⑥组件安装时，不应造成玻璃和背板的划伤或破损。⑦单元间组串的跨接线缆如采用架空方式敷设，宜采用PVC管进行保护。⑧进行组件连线施工时，施工人员应配备安全防护用品。不得触摸金属带电部位。⑨对组串完成但不具备接引条件的部位，应用绝缘胶布包扎好。⑩带边框的组件应将边框可靠接地。

另外，严禁在雨天进行组件的连线工作。施工人员安装组件过程中不应在组件上踩踏。

汇流箱安装应符合以下要求：①安装位置应符合设计要求。支架和固定螺栓应为镀锌件。②地面悬挂式汇流箱安装的垂直度允许偏差应小于 1.5mm。③汇流箱的接地应牢固、可靠。接地线的截面积应符合设计要求。④汇流箱进线端及出线端与汇流箱接地端绝缘电阻不小于 2MΩ（DC1000V）。⑤汇流箱组串电缆接引前必须确认组串处于断路状态。汇流箱内元器件完好，连接线无松动。⑥安装前汇流箱的所有开关和熔断器宜断开。

（6）逆变器安装

逆变器及相关配套电气设备安装于逆变升压集装箱内，基础为素混凝土墩式基础，基础型钢安装后，其顶部宜高出抹平地面 10mm。逆变器与基础型钢之间固定应牢固可靠，基础型钢应有明显的可靠接地。100kW 及以上电站的逆变器应保证两点接地；金属盘门应用裸铜软导线与金属构架或接地排可靠接地。逆变器直流侧电缆接线前必须确认汇流箱侧有明显断开点，电缆极性正确、绝缘良好。逆变器交流侧电缆接线前应检查电缆绝缘，校对电缆相序。电缆接引完毕后，逆变器本体的预留孔洞及电缆管口应做好封堵。进出电缆线配有电缆沟。逆变器和配套电气设备是整体集成的集装箱，通过汽车运抵，采用吊车将逆变器吊到安装位置进行就位。逆变升压配电间固定在基础预埋件上，焊接固定。调整好基础预埋件的水平度，逆变升压配电间采用焊接固定在预埋件上，并按逆变器安装说明施工，安装接线须确保直流和交流导线分开。由于逆变器内置有高敏感性电气设备，搬运逆变器应非常小心，用起吊工具将逆变器固定到基础上的正确位置。

① 主变压器安装。变压器通过现有道路运至安装现场后，可采用汽车吊对变压器进行就位，设备的起吊应采用柔软的麻绳，防止破坏其外壳油漆。安装程序为：设备安装→引下线安装→接地系统安装→电缆敷设接线→整体调试。引下线安装完毕后不得有扭结、松股、断股或严重腐蚀等现象。设备底座支架的安装应牢固、平正，符合设计或制造厂的规定。所有设备的接地应采用足够截面积的镀锌扁铁，且接地应良好。

② 电缆敷设。电缆在安装前应仔细对图纸进行审查、核对，确认电缆的规格、层数是否满足设计要求，电缆的走向是否合理，电缆是否有交叉现象，否则需提出设计修改。电缆在安装前，应根据设计资料及具体的施工情况，编制详细的电缆敷设程序表，表中应明确规定每根电缆安装的先后顺序。电缆的使用规格、安装路径应严格按设计进行，电缆应符合设计规定。电缆到达现场后，应严格按规格分别存放，以免混用。电缆敷设时，对每盘电缆的长度应做好登记，动力电缆应尽量减少中间接头，控制电缆做到没有中间接头，对电缆容易受损伤的地方，应采取保护措施，对于直埋电缆应每隔一定距离做好标识。电缆敷设完毕后，应保证整齐美观，进入盘内的电缆其弯曲弧度应一致，对进入盘内的电缆及其他必须封堵的地方应进行封堵，在电缆集中区设有防鼠杀虫剂及灭火设施。逆

变器安装在振动场所，应按设计要求采取防振措施。二次系统元器件安装除应符合《电气装置安装工程盘、柜及二次回路接线施工及验收规范》GB 50171 的相关规定外，还应符合制造厂的专门规定。二次系统盘柜不宜与基础型钢焊死，如继电保护盘、自动装置盘、远动通信盘等。光伏电站其他电气设备的安装应符合现行国家有关电气装置安装工程施工及验收规范的要求。

7.3 安装标准及地下设施

7.3.1 安装标准

① 支架基础的轴线及标高允许偏差应符合表 7-1 的规定。

表 7-1 支架基础的轴线及标高允许偏差

项目名称	允许偏差	
同组支架基础之间	基础顶标高偏差	≤±2mm
	基础轴线偏差	≤5mm
方阵内基础之间 （东西方向、相同标高）	基础顶标高偏差	≤±5mm
	基础轴线偏差	≤10mm
方阵内基础之间 （南北方向、相同标高）	基础顶标高偏差	≤±10mm
	基础轴线偏差	≤10mm

② 支架基础尺寸及垂直度允许偏差应符合表 7-2 的规定。

表 7-2 支架基础尺寸及垂直度允许偏差

项目名称	允许偏差（全长）
基础垂直度偏差	≤5mm
基础截面尺寸偏差	≤10mm

③ 支架基础预埋螺栓允许偏差应符合表 7-3 的规定。

表 7-3 支架基础预埋螺栓允许偏差

项目名称	允许偏差	
同组支架的预埋螺栓	顶面标高偏差	≤10mm
	位置偏差	≤2mm

续表

项目名称	允许偏差	
方阵内支架基础预埋螺栓 （相同基础标高）	顶面标高偏差	≤30mm
	位置偏差	≤2mm

7.3.2 场地及地下设施

道路应按照运输道路与巡检人行道路等不同的等级进行设计与施工。电缆沟的施工除符合设计图纸要求外，尚应符合以下要求：

① 在电缆沟道至上部控制屏部分及电缆竖井采用防火胶泥封堵。

② 电缆沟道在建筑物入口处设置防火隔断或防火门。

③ 电缆沟每隔 60m 及电缆支沟与主沟道的连接处均设置一道防火隔断，并且在防火隔断两侧电缆上涂刷不少于 1.0m 长的防火涂料。

④ 电缆沟沟底设半圆形排水槽、阶梯式排水坡和集水井。

场区给排水管道的施工要求：

① 地埋的给排水管道应结合道路或地上建筑物的施工统筹考虑，先地下再地上，管道回填后尽量避免二次开挖，管道埋设完毕应在地面做好标识。

② 地下给排水管道应按照设计要求做好防腐及防渗漏处理，并注意管道的流向与坡度。

雨水井口应按设计要求施工，如设计文件未明确时，现场施工应与场地标高协调一致；一般宜低于场地 20～50mm，雨水口周围的局部场地坡度宜控制在 1%～3%；施工时应在集水口周围采取滤水措施。

7.3.3 建（构）筑物

① 光伏电站建（构）筑物应包括光伏方阵内建（构）筑物、站内建（构）筑物、大门、围墙等，光伏方阵内建（构）筑物主要是指变配电室等建（构）筑物。

② 设备基础应严格控制基础外露高度、尺寸与上部设备的匹配统一，混凝土基础表面应一次压光成型，不应进行二次抹灰。

③ 站内建（构）筑物应包括综合楼、升压站、门卫室等建筑物及其地基与基础。主体结构应满足《工程建设国家标准管理办法》规定及《建筑工程施工质量验收统一标准》GB 50300，严格按照《实施工程建设强制性标准监督规定》相关规定，贯彻执行《工程建设标准强制性条文》（电力工程部分）、《混凝土结构工程施工质量验收规范》GB 50204 等相关施工规范，建筑装饰装修、建筑屋面、建筑给水、排水及采暖、通风与空调应满足相关施工质量验收规范要求。

站区大门位置、朝向应满足进站道路及设备运输需要。站区围墙应规整，避免过多凸凹尖角，大门两侧围墙应尽可能为直线。

7.4　安装工程

7.4.1　一般规定

（1）设备的运输与保管应符合的规定

① 在吊、运过程中应做好防倾覆、防振和防护面受损等安全措施。必要时可将装置性设备和易损元件拆下单独包装运输。当产品有特殊要求时，尚应符合产品技术文件的规定。

② 设备到场后应做下列检查：

a. 包装及密封应良好。

b. 开箱检查型号、规格应符合设计要求，附件、备件应齐全。

c. 产品的技术文件应齐全。

d. 外观检查应完好无损。

③ 设备宜存放在室内或能避雨、雪、风、沙的干燥场所，并应做好防护措施。

④ 保管期间应定期检查，做好防护工作。

（2）光伏电站的中间交接验收应符合的规定

① 光伏电站工程中间交接项目可包含：升压站基础、高低压盘柜基础、逆变器基础、电气配电间、支架基础、电缆沟道、设备基础二次灌浆等。

② 土建交付安装项目时，应由土建专业填写"中间交接验收签证单"，并提供相关技术资料，进行专业查验。

③ 中间交接项目应通过质量验收，对不符合移交条件的项目，移交单位负责整改合格。

（3）光伏电站的隐蔽工程施工应符合的规定

① 光伏电站安装工程的隐蔽工程应包括：接地、直埋电缆、高低压盘柜母线、变压器检查等。

② 隐蔽工程隐蔽之前，承包人应根据工程质量评定验收标准进行自检，自检合格后向监理部提出验收申请。

③ 监理工程师应在约定的时间组织相关人员与承包人共同进行检查验收。如检测结果表明质量验收合格，监理工程师应在验收记录上签字，承包人可以进

行工程隐蔽和继续施工；验收不合格，承包人应在监理工程师限定的期限内整改，整改后重新验收。隐蔽工程验收签证单应按照《电力建设施工质量验收及评定规程》DL/T 5210 相关要求的格式进行填写。

7.4.2　支架安装

（1）支架安装前应做的准备工作

① 支架到场后应做下列检查：

a. 外观及保护层应完好无损。

b. 型号、规格及材质应符合设计图纸要求，附件、备件应齐全。

c. 产品的技术文件安装说明及安装图应齐全。

② 支架宜存放在能避雨、雪、风、沙的场所，存放处不得积水，应做好防潮防护措施。如存放在滩涂、盐碱等腐蚀性强的场所应做好防腐蚀工作。保管期间应定期检查，做好防护工作。

③ 支架安装前安装单位应按照方阵土建基础"中间交接验收签证单"的技术要求对水平偏差和定位轴线的偏差进行查验。

（2）固定式支架及手动可调支架的安装应符合的规定

① 支架安装和紧固应符合下列要求：

a. 钢构件拼装前应检查清除飞边、毛刺、焊接飞溅物等，摩擦面应保持干燥、整洁，不宜在雨雪环境中作业。

b. 支架的紧固度应符合设计图纸要求及《钢结构工程施工质量验收规范》GB 50205 中相关章节的要求。

c. 组合式支架宜采用先组合框架后组合支撑及连接件的方式进行安装。

d. 螺栓的连接和紧固应按照厂家说明和设计图纸上要求的数目和顺序穿放。不应强行敲打，不应气割扩孔。

e. 手动可调式支架调整动作应灵活，高度角范围应满足技术协议中定义的范围。

② 支架安装的垂直度和角度应符合的规定：

a. 支架垂直度偏差每米不应大于±1°，支架角度偏差度不应大于±1°。

b. 对不能满足安装要求的支架，应责成厂家进行现场整改。

③ 固定及手动可调支架安装的允许偏差应符合表 7-4 中的规定。

表 7-4　固定及手动可调支架安装的允许偏差

项目	允许偏差/mm
中心线偏差	≤2
垂直度（每米）	≤1

续表

项目		允许偏差/mm
水平偏差	相邻横梁间	≤1
	东西向全长(相同标高)	≤10
立柱面偏差	相邻立柱间	≤1
	东西向全长(相同轴线)	≤5

（3）跟踪式支架的安装应符合的规定

① 跟踪式支架与基础之间应固定牢固、可靠。

② 跟踪式支架安装的允许偏差应符合设计或技术协议文件的规定。

③ 跟踪式支架电机的安装应牢固、可靠。传动部分应动作灵活，且不应在转动过程中影响其他部件。

④ 聚光式跟踪系统的聚光镜宜在支架紧固完成后再安装，且应做好防护措施。

⑤ 施工中的关键工序应做好检查、签证记录。

另外，支架的焊接工艺应满足设计要求，焊接部位应做防腐处理。支架的接地应符合设计要求，且与地网连接可靠，导通良好。

7.4.3 组件安装

（1）组件的运输与保管

应符合制造厂的专门规定。

（2）组件安装前应做的准备工作

① 支架的安装工作应通过质量验收。

② 组件的型号、规格应符合设计要求。

③ 组件的外观及各部件应完好无损。

④ 安装人员应经过相关安装知识培训和技术交底。

（3）组件的安装应符合的规定

① 光伏组件安装应按照设计图纸进行。

② 组件固定螺栓的力矩值应符合制造厂或设计文件的规定。

③ 组件安装允许偏差应符合表 7-5 的规定。

表 7-5 组件安装允许偏差

项目	允许偏差	
倾斜角度偏差	≤1°	
组件边缘高差	相邻组件间	≤1mm
	东西向全长(相同标高)	≤10mm

项目	允许偏差	
组件平整度	相邻组件间	≤1mm
	东西向全长（相同轴线及标高）	≤5mm

（4）组件之间的接线应符合的要求

① 组件连接数量和路径应符合设计要求。

② 组件间接插件应连接牢固。

③ 外接电缆同插接件连接处应搪锡。

④ 组串连接后开路电压和短路电流应符合设计要求。

⑤ 组件间连接线应进行绑扎，整齐、美观。

（5）组件的安装和接线应注意的事项

① 组件在安装前或安装完成后应进行抽检测试。

② 组件安装和移动的过程中，不应拉扯导线。

③ 组件安装时，不应造成玻璃和背板的划伤或破损。

④ 组件之间连接线不应承受外力。

⑤ 同一组串的正负极不宜短接。

⑥ 单元间组串的跨接线缆如采用架空方式敷设，宜采用 PVC 管进行保护。

⑦ 施工人员安装组件过程中不应在组件上踩踏。

⑧ 进行组件连线施工时，施工人员应配备安全防护用品。不得触摸金属带电部位。

⑨ 对组串完成但不具备接引条件的部位，应用绝缘胶布包扎好。

⑩ 严禁在雨天进行组件的连线工作。

（6）组件接地应符合的要求

① 带边框的组件应将边框可靠接地。

② 不带边框的组件，其接地做法应符合制造厂的要求。

③ 组件接地电阻应符合设计要求。

7.4.4　汇流箱安装

（1）汇流箱安装前应做的准备

① 汇流箱的防护等级等技术标准应符合设计文件和合同文件的要求。

② 汇流箱内元器件完好，连接线无松动。

③ 安装前汇流箱的所有开关和熔断器宜断开。

（2）汇流箱安装应符合的要求

① 安装位置应符合设计要求。支架和固定螺栓应为镀锌件。

② 地面悬挂式汇流箱安装的垂直度允许偏差应小于 1.5mm。

③ 汇流箱的接地应牢固、可靠。接地线的截面积应符合设计要求。

④ 汇流箱进线端及出线端与汇流箱接地端绝缘电阻不小于 2MΩ (DC1000V)。

⑤ 汇流箱组串电缆接引前必须确认组串处于断路状态。

7.4.5 逆变器安装

（1）逆变器安装前应做的准备

① 逆变器安装前，建筑工程应具备下列条件：

a. 屋顶、楼板应施工完毕，不得渗漏。

b. 室内地面基层应施工完毕，并应在墙上标出抹面标高；室内沟道无积水、杂物；门、窗安装完毕。

c. 进行装饰时有可能损坏已安装的设备或设备安装后不能再进行装饰的工作应全部结束。

d. 对安装有妨碍的模板、脚手架等应拆除，场地应清扫干净。

e. 混凝土基础及构件到达允许安装的强度，焊接构件的质量符合要求。

f. 预埋件及预留孔的位置和尺寸，应符合设计要求，预埋件应牢固。

② 检查安装逆变器的型号、规格应正确无误；逆变器外观检查完好无损。

③ 运输及就位的机具应准备就绪，且满足荷载要求。

④ 大型逆变器就位时应检查道路畅通，且有足够的场地。

（2）逆变器的安装与调整应符合的要求

① 采用基础型钢固定的逆变器，逆变器基础型钢安装的允许偏差应符合表 7-6 的规定。

表 7-6 逆变器基础型钢安装的允许偏差

项目	允许偏差	
	mm/m	mm/全长
不直度	<1	<3
水平度	<1	<3
位置误差及不平行度	—	<3

② 基础型钢安装后，其顶部宜高出抹平地面10mm。基础型钢应有明显的可靠接地。

③ 逆变器的安装方向应符合设计规定。

④ 逆变器安装在振动场所，应按设计要求采取防振措施。

⑤ 逆变器与基础型钢之间固定应牢固可靠。

⑥ 逆变器内专用接地排必须可靠接地，100kW 及以上的逆变器应保证两点

接地；金属盘门应用裸铜软导线与金属构架或接地排可靠接地。

⑦ 逆变器直流侧电缆接线前必须确认汇流箱侧有明显断开点，电缆极性正确、绝缘良好。

⑧ 逆变器交流侧电缆接线前应检查电缆绝缘，校对电缆相序。

⑨ 电缆接引完毕后，逆变器本体的预留孔洞及电缆管口应做好封堵。

7.4.6 电气二次系统

① 二次系统盘柜不宜与基础型钢焊死，如继电保护盘、自动装置盘、远动通信盘等。

② 二次系统元器件安装除应符合《电气装置安装工程盘、柜及二次回路接线施工及验收规范》GB 50171 的相关规定外，还应符合制造厂的专门规定。

③ 调度通信设备、综合自动化及远动设备应由专业技术人员或厂家现场服务人员进行安装或指导安装。

④ 二次回路接线应符合《电气装置安装工程盘、柜及二次回路接线施工及验收规范》GB 50171 的相关规定。

7.4.7 其他电气设备安装

① 光伏电站其他电气设备的安装应符合现行国家有关电气装置安装工程施工及验收规范的要求。

② 光伏电站其他电气设备的安装应符合设计文件和生产厂家说明书及订货技术条件的有关要求。

③ 安防监控设备的安装应符合《安全防范工程技术规范》GB 50348 的相关规定。

④ 环境监测仪的安装应符合设计和生产厂家说明书的要求。

7.4.8 防雷与接地

① 光伏电站防雷与接地系统安装应符合《电气装置安装工程接地装置施工及验收规范》GB 50169 的相关规定和设计文件的要求。

② 地面光伏系统的金属支架应与主接地网可靠连接。

③ 屋顶光伏系统的金属支架应与建筑物接地系统可靠连接。

7.4.9 线路及电缆

① 电缆线路的施工应符合《电气装置安装工程电缆线路施工及验收规范》

GB 50168 的相关规定；安防综合布线系统的线缆敷设应符合《综合布线系统工程设计规范》GB 50311 的相关规定。

② 通信电缆及光缆的敷设应符合国家现行标准。

③ 架空线路的施工应符合《电气装置安装工程 66kV 及以下架空电力线路施工及验收规范》GB 50173 和《110kV～750kV 架空输电线路施工及验收规范》GB 50233 的有关规定。

④ 线路及电缆的施工还应符合设计文件中的相关要求。

7.5　小型光伏并网电站案例

下面以某市 1MW 太阳能并网光伏电站为例作详细介绍。

7.5.1　环境及设计原则

该市地处东经 113°37′～114°58′、北纬 35°12′～36°22′之间，邻近北回归线，历年平均气温 12.7～13.7℃。极端最高气温 40.8℃，极端最低气温－17.4℃。

该市属于暖温带半湿润大陆性季风气候，年平均气温 13.5℃，年降水总量 541.5mm，年日照时间 2030.6h，平均无霜期 201 天，历年最热月（7 月）平均温度 27℃，最冷月（1 月）平均温度－2℃。全年主导风向及频率：南风 14％，北风 13％，静 25％。年平均太阳辐射量为 110.4kcal/cm²，据统计最大平均风速为 23m/s，瞬时最大风速 27m/s。在进行并网光伏电站设计时，考虑如下几个主要因素。

（1）美观性

考虑公众影响力，美观与否非常重要。电池板安装朝向赤道方向，与水平面垂直线夹角为一定角度，倾斜角度依据试验所得数据进行确定，角度在夏、冬两季进行调整。

（2）太阳辐照量

为了增加光伏阵列的输出能量，尽可能地将更多的光伏组件普照在阳光下，且避免光伏组件之间互相遮光，以及被高塔、屋顶边缘及其他障碍物遮挡阳光。

（3）电缆长度

从光伏组件到接线箱、接线箱到逆变器以及从逆变器到并网交流配电柜的电力电缆应尽可能保持在最短距离，这样做既可以减小线路的压降损失，提高系统的输出能量；又可以减小电缆尺寸以降低成本，同时减轻屋顶负荷并增加其灵活性。由于连接电缆的长度较长，应尽可能按最短距离布置电缆。通常，在进行太阳能光伏电站设计时，需要将直流部分的线路损耗控制在 3%～4% 以内。

7.5.2　系统构成

采用分块发电、集中并网方案，将系统分成若干个 100kWp 的并网发电单元，每个 100kWp 的并网发电单元配置 1 台 SG100K3 三相并网逆变器，最后汇流经过 0.4kV/10kV（1000kV·A）变压器升压装置接入 10kV 中压电网，最终将 1MWp 并网发电系统全部并入 10kV 中压电网实现上网发电。

1MWp 光伏并网发电系统主要组成如下：

① 光伏方阵；

② 光伏组件专用三通连接器；

③ 光伏阵列防雷汇流箱；

④ 直流防雷配电柜；

⑤ 11 台 SG100K3 光伏并网逆变器（带工频隔离变压器）；

⑥ 1 套 0.4kV/10kV（1000kV·A）升压系统；

⑦ 环境监测及监控装置；

⑧ 系统的防雷及接地装置；

⑨ 土建、配电房等基础设施；

⑩ 系统的连接电缆及防护材料。

7.5.3　方案的设计流程

（1）光伏方阵

采用单晶硅薄膜组件产品，型号为 STP200-18/Ub。具体参数见表 7-7。

表 7-7　产品参数

标准功率	200Wp
峰值电压	26.2V
峰值电流	7.68A
开路电压	33.4V
短路电流	8.12A
最大系统电压	1000V
短路电流温度系数	(0.055±0.01)%/K
开路电压温度系数	−(113±10)mV/K
功率温度系统	−(0.47±0.05)%/K

根据以上参数，进行组件串联数计算：

组件最大串联数 $S_N \leqslant$ 系统电压 $U_S/$ 开路电压 U_{oc}

即：

$$S_N \leqslant U_S/U_{oc} = 1000/44 \approx 22 \text{ 块}$$

拟选用 SG250K3 的控制逆变器，SG250K3 并网逆变器的 MPPT 电压范围为 480～820VDC，根据安全需要以及输入的最大开路电压为 880V 的限制，系统的每个电池串列可采用 14 块光伏组件串联，其工作电压为 366.8V，开路电压为 467.6V，满足 SG250K3 逆变器的工作电压范围。

由于每个光伏电池串列的工作电流较小，所以可将 2 个光伏电池串列经三通连接器进行并联，每个 1MWp 并网单元需配置 179 套三通连接器。

（2）汇流箱

本系统使用的汇流箱型号为合肥阳光能源的 SPVCB-6。该汇流箱的工作模式为 6 进 1 出，即把相同规格的 6 路电池串列输入经汇流后输出 1 路直流。

该汇流箱具有以下特点：防护等级 IP65，防水、防灰、防锈、防晒、防盐雾，满足室外安装的要求；可同时接入 6 路电池串列，每路电池串列的允许最大电流为 10A；每路接入电池串列的开路电压值可达 900V；每路电池串列的正负极都配有光伏专用直流熔丝进行保护，其耐压值为 DC1000V；直流输出母线的正极对地、负极对地、正负极之间配有光伏专用防雷器，选用菲尼克斯品牌防雷器；直流输出母线端配有可分断的 ABB 品牌直流断路器。

光伏阵列防雷汇流箱的技术参数见表 7-8。

表 7-8　汇流箱技术参数

直流输入路数	6 路（6 路正极、6 路负极）
直流输出路数	1 路正极，1 路负极
直流输入的正负极规格	$4mm^2$
直流输出的正负极规格	$25mm^2$
地线规格	$16mm^2$
每路直流输入的熔丝规格	10A
直流输出最大电流	60A
防护等级	IP65
质量（大约）	15kg
体积（宽×高×深）	400mm×500mm×180mm

汇流箱的电气原理框图如图 7-1 所示。

MWp 级并网发电单元需配置 30 个汇流箱。

（3）并网逆变器

光伏并网发电系统配置 4 台 SG250K3 并网逆变器。

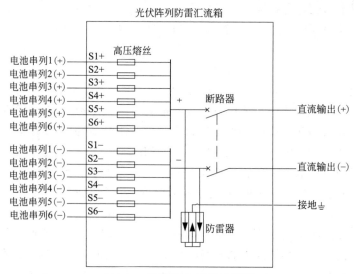

图 7-1 汇流箱电气原理框图

SG250K3 并网逆变器采用美国 TI 公司专用 DSP 控制芯片，主电路采用日本三菱 IPM 智能功率模块组装，运用电流控制型 PWM 有源逆变技术和优质进口高效隔离变压器，可靠性高，保护功能齐全，且具有电网侧高功率因数正弦波电流、无谐波污染供电等特点。具有光伏组件的最大功率点跟踪技术（MPPT）；50Hz 工频隔离变压器，实现光伏阵列和电网之间的相互隔离；具有直流输入手动分断开关，交流电网手动分断开关，紧急停机操作开关；具有先进的孤岛效应检测方案及完善的监控功能；具有过载、短路、电网异常等故障保护及告警功能；宽直流输入电压范围，整机效率高达 96.2%；适应中国电网电压波动较大的特点。并网逆变器正常工作允许电网三相线电压范围为：AC330～450V，频率范围为：47～51.5Hz；友好的人机操作界面，中英文菜单，可显示设备的各项运行数据、实时故障数据、历史故障数据、总发电量数据和历史发电量数据，以及设备的工作状态；可提供包括 RS485 或 Ethernet（以太网）远程通信接口。其中 RS485 遵循 Modbus 通信协议；Ethernet（以太网）接口支持 TCP/IP 协议，支持动态（DHCP）或静态获取 IP 地址。逆变器技术参数见表 7-9。

表 7-9 逆变器技术参数

隔离方式	工频变压器
推荐最大太阳电池阵列功率	275kWp
最大阵列开路电压	880V
太阳电池最大功率点跟踪（MPPT）范围	480～820V
电池板连接方式	接线端子

续表

最大阵列输入电流	600A
额定交流输出功率	250kW
总电流波形畸变率	＜3％（额定功率时）
功率因数	＞0.99
最大效率	96.50％
欧洲效率	95.40％
额定电网电压	400VAC
允许电网频率范围	50～60Hz
夜间自耗电	＜100W
通信接口	RS485/以太网/GPRS
防护等级	IP20（室内）
使用环境温度	－20～＋40℃
噪声	＜60dB
冷却	风冷
尺寸（宽×高×深）/mm	2400×2180×850
质量	1700kg

（4）并网设计

系统将接入 10kV 中压电网实现上网发电，由于 SG250K3 并网逆变器适合于直接并入三相低压交流电网（AC380V/50Hz），所以系统需配置 1 套 0.4kV/10kV（1000kV·A）升压装置。

系统设计交流输出接入 0.4kV 低压配电柜的并网接口，经 0.4kV/10kV（1000kV·A）升压变和 10kV 高压柜并入 10kV 中压电网，如图 7-2 所示。

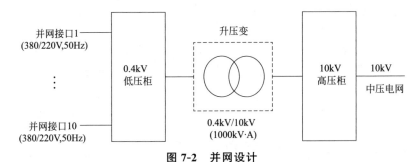

图 7-2　并网设计

（5）系统安全

为了保证本工程光伏并网发电系统安全可靠，防止因雷击、浪涌等外在因素导致系统器件的损坏等情况发生，系统的防雷接地装置必不可少。系统的防雷接地装置措施有多种方法，本方案拟采用抑制型或屏蔽型的直击雷保护措施，如架设避雷带、避雷网和避雷针等，防止直击雷击中太阳能光伏组件和支架。对于引下线，拟采取多根均匀布置的方式，这样可以降低引下线沿线压降，减少侧击的危险，也使引下线泄流产生的磁场强度减少。地线是避雷、防雷的关键，在进行配电室基础建设和太阳电池方阵基础建设的同时，选择附近土层较厚、潮湿的地点，挖 1～2m 深地线坑，采用 40 号扁钢，添加降阻剂并引出地线，引出线采用 10mm^{2}铜芯电缆，接地电阻应小于 4Ω。

习　题

问答题

　　1. 叙述光伏电站工程施工组织设计的一般过程。

　　2. 举例设计施工一个小型光伏电站。

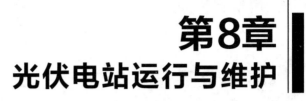

第8章
光伏电站运行与维护

电站建设完成后，就是光伏电站维护、运行与管理。光伏电站及户用光伏系统的运行与维护应保证系统本身安全，以及系统不会对人员造成危害，并使系统维持最大的发电能力。

8.1 建立完整的技术档案资料及电站运行档案 ◄◄◄

(1) 建立电站设备技术档案和设计施工图纸档案

电站的基本技术档案资料主要包括：设计施工、竣工图纸；验收文件；各设备的基本工作原理、技术参数、设备安装规程、设备调试的步骤；所有操作开关、旋钮、手柄以及状态和信号指示的说明；设备运行的操作步骤；电站维护的项目及内容；维护日程和所有维护项目的操作规程；电站故障排除指南，包括详细的检查和修理步骤等。

(2) 建立电站的信息化管理系统

利用计算机管理系统建立电站信息资料，对每个电站建立一个数据库，数据库内容包括两方面，一是电站的基本信息，主要有：气象地理资料；交通信息；电站所在地的相关信息（如人口、户数、公共设施、交通状况等）；电站的相关信息（如电站建设规模、设备基本参数、建设时间、通电时间、设计建设单位等）。二是电站的动态信息，主要包括：①电站供电信息：用电户、供电时间、负载情况、累计发电量等；②电站运行中出现的故障和处理方法：对电站各设备在运行中出现的故障和对故障的处理方法等进行详细描述和统计。

(3) 建立电站运行期档案

这项工作是分析电站运行状况和制订维护方案的重要依据之一。日常维护工作主要是每日测量并记录不同时间系统的工作参数，主要测量记录内容有：日期、记录时间；天气状况；环境温度；蓄电池室温度；子方阵电流、电压；蓄电池充电电流、电压；蓄电池放电电流、电压；逆变器直流输入电流、电压；交流配电柜输出电流、电压及用电量；记录人等。当电站出现故障时，电站操作人员要详细记录故障现象，并协助维修人员进行维修工作，故障排除后要认真填写电站故障维护记录表，主要记录内容有：出现故障的设备名称、故障现象描述、故障发生时间、故障处理方法、零部件更换记录、维修人员及维修时间等。电站巡检工作应由专业技术人员定期进行，在巡检过程中要全面检查电站各设备的运行情况和运行现状，并测量相关参数。仔细查看电站操作人员对日维护、月维护记录情况，对记录数据进行分析，及时指导操作人员对电站进行必要的维护工作。同时还应综合巡检工作中发现的问题，对本次维护中电站的运行状况进行分析评价，最后对电站巡检工作做出详细的总结报告。

（4）建立运行分析制度

依据电站运行期的档案资料，组织相关部门和技术人员对电站运行状况进行分析，及时发现存在的问题，提出切实可行的解决方案。通过建立运行分析制度，一是有利于提高技术人员的业务能力，二是有利于提高电站可靠运行水平。

8.2　电站运行、维护人员培训 ◀◀◀

光伏电站及户用光伏系统运行和维护人员应具备与自身职责相应的专业技能。①运行、维护管理人员，必须熟悉光伏电站的工艺流程、工艺参数、设施、设备的运行要求及有关技术指标。②运行操作人员必须熟悉掌握本岗位处理工艺要求，本岗位的职责及本岗位设施、设备的运行要求和有关的技术指标。③运行操作人员必须熟悉掌握本岗位的设备操作规程及了解相关岗位的基本操作方法。④光伏电站的操作及管理人员在厂内必须接受有关的安全教育，操作人员在工艺操作中必须执行安全操作规定。⑤岗位操作人员在进行巡回检查时，一定按时、按点、按内容进行，并且做好必要的巡回检查记录。⑥各岗位操作人员应按时做好有关工艺、设备运行、运转记录，所记录数据准确无误，字迹工整。⑦操作人员在巡回检查中发现工艺异常或设备故障要及时采用措施处理，并且做好记录或上报主管部门解决。⑧操作人员在交接班时要认真交接，严格执行交接班规定。⑨要保持各种机械设备清洁、完好等。⑩及时清理太阳能电池板上的杂物，保持其清洁完好。⑪根据不同机械、电气设备要求定期检查、添加或更换润滑油、润滑脂。润滑油必须经过三级过滤。

安全操作培训。①各岗位操作人员全员进行技术培训和生产实践，经光伏电站组织考试合格后方可上岗。②设备运行必须执行设备操作规程。③操作人员在启闭电器开关时，应按操作规程进行。设备维修时，必须断电，并且在有关部位处悬挂警示标牌。④雨天、雪天操作人员在巡回检查及操作时，要注意防滑并及时清扫。⑤在进行设备清洁工作中，严禁用水冲洗电气设备及润滑部位。严禁设备运行中擦拭运转部位。⑥严禁非本岗位人员操作本岗位的设备。⑦本光伏电站所设置的消防器材，必须使设置地点与设置图相符合，消防器材必须全员会使用，消防器材不可挪用或损坏，消防器材要定期检查及更换。⑧各岗位操作人员上岗时必须配戴齐全劳保用品，做好防范措施。⑨对安全护栏、走廊、爬梯定期检查其牢固程度，对损坏部分要及时维护防腐处理，对被损坏的重要照明设备要及时更换。

安全管理培训。①设备必须按说明书和规范安装，并考虑设备的稳定、冷却、易操作性、电气设备的用电安全等。②设备使用前必须完善设备使用规程和维护保养制度，重要设备的操作人员必须经过培训并考核合格后持证上岗。③设备使用前，特别是新安装的和维修后的设备，必须检查设备安装情况，检查设备外观，手动测试其性能，检查设备接地等，确认无异常后方可使用。④设备使用过程中必须严格执行使用维护保养制度和巡检制度，鉴于电站露天设备较多的情况，在恶劣天气更应加强设备的巡视，同时注意人身和设备安全。⑤对影响设备安全运行的因素和隐患要积极发现，及时解决和消除，保证设备在良好工况下运转。⑥严禁对设备野蛮操作和超负荷使用，不得随意更改已设定并规范的运行参数和位置等。⑦严禁设备带故障运行，发现设备故障应及时停机处理，防止故障扩大，不能当时处理的按程序报修。⑧设备应做好清理保养和防锈工作。⑨设备的零备件和专用工具要专人妥善保管，并定期检查和保养，不得随意变更和处置。⑩对应急防护设施、物品和工具要倍加爱护，定期检查其性能，不得随意挪用和转移。⑪在不明情况和不确定故障原因和处理方法时，应及时逐级上报处理，不得盲目拆卸和试验，以防止故障扩大和复杂化。⑫设备维护保养物资的使用必须保质保量，不得以次充好，不得随意代用和转做他用。⑬积极做好设备润滑和防腐防锈工作，电气设备要定期检查其电气安全性能，确保设备和人身安全。

8.3 太阳能光伏阵列管理维护 ◀◀◀

① 所有太阳能电池板均为露天布置，很容易积尘和积雪。为了保证光伏电站的发电效率，必须对太阳能电池板上的灰尘和积雪进行及时的清扫和去除。太阳能电池板上积尘的清除可采用以下几种方法：a. 在太阳能电池板上安装自动清除机构，采用负压吸尘器来清扫太阳能电池板上的灰尘。根据需求预先设定好清扫时间对灰尘进行清除。b. 用水对太阳能电池板进行冲洗。第一种方法，缺点是一次性投资较大，运行后对清扫机构的维护工作量大；优点是自动化程度高。第二种方法，简单易学，冲洗太阳能电池板后的水还可用作站区绿化用水。用水对太阳能电池板进行冲洗，是投资少，操作简便，非常适合当地的实际情况的一种方法。使用干燥或潮湿的柔软洁净的布料擦拭光伏组件，严禁使用腐蚀性溶剂或用硬物擦拭光伏组件；应在辐照度低于 $200\,\mathrm{W/m^2}$ 的情况下清洁光伏组件，不宜使用与组件温差较大的液体清洗组件；严禁在风力大于 4 级、大雨或大雪的

条件下清洗光伏组件；风沙和积雪后，应及时进行清扫，一般至少每月清扫一次。

②　值班人员应注意太阳能电池方阵周围有没有新生长的树木，新立的电杆等遮挡太阳的物体，以免影响太阳能电池组件充分吸收太阳光。一经发现，要报告电站负责人，及时加以处理。

③　带有向日跟踪装置的太阳能电池方阵，应定期检查跟踪装置的力学和电性能是否正常。

④　太阳能电池方阵的支架，可以固定安装，也可以按季节的变化调整电池方阵与地面的夹角，以便太阳能电池组件更充分地接受太阳光。所有螺栓、焊缝和支架连接应牢固可靠。

⑤　要定期检查太阳能电池方阵的金属支架有无腐蚀，支架表面的防腐涂层不应出现开裂和脱落现象，否则应及时补刷。方阵支架应良好接地。

⑥　在使用中定期（如每一个月）对太阳能电池方阵的光电参数包括输出功率进行检测，以保证方阵不间断地正常供电。

⑦　应每月检查一次各太阳能电池组件的封装及接线接头，若发现下列问题应及时进行处理。不能处理的，应及时报告：a. 光伏组件存在玻璃破碎、背板灼焦、明显的颜色变化；b. 光伏组件中存在与组件边缘或任何电路之间形成连通通道的气泡；c. 光伏组件接线盒变形、扭曲、开裂或烧毁，接线端子无法良好连接，以及封装开胶进水、电池变色及接头松、脱线等。

⑧　使用直流钳形电流表在太阳辐射强度基本一致的条件下测量接入同一个直流汇流箱的各光伏组件串的输入电流，其偏差应不超过 5%。

⑨　对光伏组件进行检查、清洗、保养、维修时所采用的机具设备（清洗机、吊篮等）必须牢固，操作灵活方便，安全可靠，并应有防止撞击和损伤光伏建材和光伏构件的措施。

⑩　接地与防雷系统。光伏组件、支架、电缆金属铠装与屋面金属接地网格的连接应可靠。光伏方阵与防雷系统共用接地线的接地电阻应符合相关规定。光伏方阵的监视、控制系统、功率调节设备接地线与防雷系统之间的过电压保护装置功能应有效，其接地电阻应符合相关规定。光伏方阵防雷保护器应有效，并在雷雨季节到来之前、雷雨过后及时检查。

8.4　蓄电池组的维护管理　

①　蓄电池应经常保持在适当的室内温度（10～30℃），并保持良好的通风和

照明。在没有取暖设备的地区，如果最低温度接近零摄氏度，应将蓄电池建成被动式太阳房，以保温防冻，或采取其他保温措施。

② 蓄电池应按照图纸进行安装。安装电池的平台或支架，应采用耐酸材料或涂抹耐酸材料，并应有绝缘设施。电池与墙壁之间的距离，一般不小于 30cm；平台或支架的间距，要根据电池外形尺寸大小来确定，一般不小于 80cm。

③ 值班人员要定期进行外部检查，一般应每天或每班检查一次。检查项目包括：室内的温度、通风和照明以及清洁情况；蓄电池壳和盖的完整性；母线与极板连接是否完好，有无腐蚀；充电电流是否适当；各种工具、仪表是否完整。

④ 蓄电池专责人员应每月进行一次较详细的检查，包括：清除灰尘，保持清洁；极板、极柱是否完好；绝缘是否良好。检验结果应记录在蓄电池运行记录簿中。

⑤ 蓄电池室内禁止点火、吸烟和安装能发生电火花的装置，在蓄电池室门上应有"严禁烟火"等标志。

⑥ 在维护或更换蓄电池时，所用工具（如扳手等）必须带绝缘套。

⑦ 蓄电池的上方和周围不得堆放杂物；蓄电池表面应保持清洁，如出现腐蚀漏液、凹瘪或鼓胀现象，应及时处理，并查找原因；蓄电池单体间连接螺钉应保持紧固。

⑧ 蓄电池在使用过程中应避免过充电和过放电。应定期对蓄电池进行均衡充电，一般每季度要进行 2～3 次。若蓄电池组中单体电池的电压异常，应及时处理。若遇连续多日阴雨天，造成蓄电池充电不足，应停止或缩短对负载的供电时间。对停用时间超过 3 个月以上的蓄电池，应补充充电后再投入运行。

⑨ 更换电池时，最好采用同品牌、同型号的电池，以保证其电压、容量、充放电特性、外形尺寸的一致性。

8.5 逆变器的维护管理

8.5.1 逆变器的操作使用

① 严格按照逆变器使用说明书的要求进行安装。在安装时，应认真检查：线径是否符合要求；各部件及端子在运输中是否松动；绝缘处是否绝缘良好；系统是否符合接地规定。

② 应严格按照逆变器使用维护说明书的规定操作使用。在开机前注意输入电压是否正常；在操作时要注意开关机是否正确，各表头和指示灯的指示是否正常。

③ 逆变器机柜内有高压，操作人员一般不得打开柜门，柜门平时应锁死。在室温超过 30℃时，应采取散热降温措施，以防止设备发生故障，延长设备使用寿命。

8.5.2 逆变器维护检修

① 逆变器结构和电气连接应保持完整，不应存在锈蚀、积灰等现象，散热环境应良好，逆变器运行时不应有较大振动和异常噪声；应定期检查逆变器各部分的接线是否牢固，有无松动现象，尤其应认真检查风扇、功率模块、输入端子、输出端子及接地等。

② 一旦告警停机，不准马上开机，应查明原因并修复后再开机，检查应严格按逆变器维护手册规定步骤进行。

③ 操作人员必须经过专门培训，能够判断一般故障的产生原因并能进行排除。

④ 如果发生不易排除的事故或事故的原因不清，应做好事故的详细记录，并及时通知生产工厂给予解决。

逆变器日常维护检修内容见表 8-1。

表 8-1 逆变器日常维护检修内容

部　件	检查周期	检查内容	纠正措施
整机	日常	有无异常振动、声音，异常气味等	需关机检查
整机		接线有无损伤	若有损伤，请更换之
输入输出端子	一年	松动	拧紧
控制板		尘埃和脏物的积累	用干燥压缩空气吹掉
母线电容		变色或异味	更换电容器
风扇		不工作	更换风扇
机箱体内		尘埃和脏物的积累	用干燥压缩空气吹掉

 8.6 配电柜和测量控制柜的维护管理

目的：确保高低压配电柜和各设备控制柜的正常安全运行。职责：由机电安装维修工程部维修组每半年对其进行一次全面检查保养,并以最短的停电时间完成保养工作。

(1)保养维护前的准备工作

① 交流配电柜维护前应提前通知停电起止时间。

② 停电前做好一切准备工作,特别是工具的准备应齐全;并以最短的停电时间完成保养工作。

(2)保养程序

实行分段保养,先保养保安负荷段。

停电后应验电,确保在配电柜不带电的状态下进行维护;在分段保养配电柜时,带电和不带电配电柜交界处应装设隔离装置;操作交流侧真空断路器时,应穿绝缘靴,戴绝缘手套,并有专人监护。

① 停保安负荷电,其余负荷照常供市电。断开供保安负荷市电的空气开关,断开发电机空气开关,把发电机选择开关置于停止位置,拆开蓄电池正、负极线,挂标示牌,以防发电机发送电。

② 检查母线接头处有无变形,有无放电变黑痕迹。紧固连接螺栓,螺栓若有生锈应予更换,确保接头连接紧密。检查母线上的绝缘有无松动和损坏。

③ 用手柄把总空气开关从配电柜中摇出,检查主触点是否有烧熔痕迹,检查灭弧罩是否烧黑和损坏,紧固各接线螺钉、清洁柜内灰尘,试验机械的合闸、分闸情况。

④ 把各分开关柜从抽屉柜中取出,紧固各接线端子。检查电流互感器、电流表、电度表的安装和接线,检查手柄操作机构的灵活可靠性,紧固空气开关进出线,清洁开关柜内和配电柜后面引出线处的灰尘。

⑤ 保养电容柜时,应先断开电容器总开关,用 $10mm^2$ 以上的导线把电容器逐个对地放电。在电容器对地放电之前,严禁触摸电容器柜。然后检查接触器、电容器接线螺钉、接地装置是否良好,检查电容器有无胀肚现象,并用吸尘器清洁柜内灰尘。

⑥ 保安负荷段保养完毕,可启动发电机对其供电、停市电保养母线段。逐级断开低压侧空气开关,然后断开供变压器电的高压侧真空断路器,合上接地开关,悬挂"禁止合闸,有人工作"标示牌。

⑦ 配电柜保养完毕送电前,应先检查有无工具遗留在配电柜内;按要求保养完毕配电柜后,拆除安全装置,断开高压侧接地开关,合上真空断路器,观察变压器投入运行无误后,向低压配电柜逐级送电,并把保安负荷由发电机供电转为市电供电。

(3)交流配电柜维护时应注意事项

① 确保配电柜的金属架与基础型钢应用镀锌螺栓完好连接,且防松零件齐全。

② 配电柜标明被控设备编号、名称或操作位置的标识器件应完整,编号应

清晰、工整。

③ 母线接头应连接紧密，不应变形，无放电变黑痕迹，绝缘无松动和损坏，紧固连接螺栓不应生锈。

④ 手车、抽出式成套配电柜推拉应灵活，无卡阻碰撞现象；动静点与静触点的中心线应一致，且触点接触紧密。

⑤ 配电柜中开关、主触点不应有烧熔痕迹，灭弧罩不应烧黑和损坏，紧固各接线螺钉，清洁柜内灰尘。

⑥ 把各分开关柜从抽屉柜中取出，紧固各接线端子。检查电流互感器、电流表、电度表的安装和接线，手柄操作机构应灵活可靠，紧固断路器进出线，清洁开关柜内和配电柜后面引出线处的灰尘。

⑦ 低压电器发热物件散热应良好，切换压板应接触良好，信号回路的信号灯、按钮、光字牌、电铃、电筒、事故电钟等动作和信号显示应准确。

⑧ 检验柜、屏、台、箱、盘间线路的线间和线对地间绝缘电阻值，馈电线路必须大于 0.5MΩ；二次回路必须大于 1 MΩ。

8.7　变压器的保养维护及注意事项 ◀◀◀

（1）变压器外观检查的内容

① 检查变压器声音是否正常；

② 检查变压器一、二次母线连接是否正常，检查变压器外壳接地是否正常；

③ 检查瓷套管是否清洁，是否存在破损、裂隙和放电烧毁等；

④ 检查变压器有无渗漏现象，油色及油量是否正常；

⑤ 检查气体继电器运行是否正常，有无动作；

⑥ 检查防爆管隔膜是否完好，是否存在裂纹及存油；

⑦ 检查硅胶吸湿器是否变色；

⑧ 检查冷却装置运行情况是否正常，冷却器中，油压应比水压高 1～1.5atm（1atm＝101325Pa，下同）。冷却器出水中不应有油，水冷却器部分应无漏水。

（2）保持现场干燥避免变压器受潮

一台变压器的干燥程度直接影响绝缘系统的可靠性及其他性能指标。因此要延长变压器寿命，首先要保证绝缘系统的干燥。现场干燥受潮变压器之前，应该先确定变压器的受潮程度和状况：

① 暴露在空气中的时间是否超过规定值；

② 绕组受潮程度和绝缘电阻是否超标；

③ 空气干燥器中的硅胶受潮变色程度；

④ 绕组是否经过重新绕制；

⑤ 变压器油的湿度是否超标；

⑥ 是否有渗漏油现象；

如果变压器具备上述一种情况，则应该实施现场干燥处理。

干燥方法如下：

① 热油循环法。热油循环法针对受潮程度不太严重的变压器较为有效。热油循环法的工作原理是用热油作为干燥变压器的介质，通过涡流加热变压器器身后，能够使纤维绝缘受热，从而使水分得以挥发和扩散。这种方法需要每隔几小时抽一次真空。油箱的真空程度应保持在 133Pa 以下。热油循环温度要保持在 60～70℃。

② 热油喷淋干燥法。热油喷淋干燥法也是现场干燥较常用的一种方法，它适用于大中型油浸变压器。热油喷淋干燥法的工作原理是通过采用专门的喷嘴，把 100℃高温雾化后的油注入到变压器油箱中，再用喷嘴向变压器器身喷淋，从而达到器身温度上升的目的。通过抽真空的方式可排除掉器身的水蒸气。这种热油喷淋方法干燥处理设备简单，对于进水较多的大型变压器的现场干燥较为有效。

③ 现场绕组带电干燥法。现场绕组带电干燥法的工作原理是将变压器的二次绕组短接，对一次绕组通电，使一次、二次绕组通过电流热效应达到烘干绝缘的目的。这种方法必须借助真空滤油机排除油中的潮气。通过对比烘烤前后的高压、中压、低压三相对地绝缘电阻可以看出，经过干燥处理后，绝缘电阻的介质损耗和泄漏电流值均出现明显的降低。

④ 感应涡流法。这种方法的工作原理是通过给绕在箱壁上的励磁绕组供电，由箱壁感应出的交变磁通会产生一种涡流能量。利用这种涡流能量可以提高油箱内部温度，达到加热器身的目的。具体匝数的绕制、施加电流的大小和通电时间的长短，以箱壁温度达到 90～100℃时为准。

⑤ 零序电流干燥法。零序电流干燥法的工作原理是选择合适的三相绕组，以串联或并联方式连接，其他电压等级的绕组开路。在所选绕组上施加零序电压，以在铁芯中产生零序磁通，该零序磁通经油箱而闭合，并在油箱中产生涡流损耗，从而达到干燥器身的目的。零序电流干燥法适合对中小型配电变压器现场干燥。

（3）现场对大型变压器绕组的替换维修

现场抢修大型变压器绕组必须保证以下几点：

① 保证变压器器身不受潮。

② 要将更换的绕组和其绝缘件均放在抽真空的容器中。真空度必须保持在 133Pa。

③ 如果需要更换或进行拆除的是两相绕组，在拆除或重新绕制绕组的过程

中，绕组故障线段的缠绕顺序须由里到外，先里后外缠绕目的是避免导线绝缘受到损伤，同时还能保证绕组能够绕得较紧。

④ 具体工作过程中要逐相进行绕制。

⑤ 需要对绕组做浸泡处理。必须用干净的绝缘油浸泡后，再用干净的棉白布擦净沾在垫块以及上、下铁轭，绝缘筒，油道撑条上的油污。

⑥ 替换工作结束后，需要对油箱填充 0.2Pa 大气压的干燥压缩空气。填充干燥压缩空气的目的是避免在现场检修过程中吸入潮气；根据现场维护人员得出的经验，抽真空的时间必须持续或大于绕组暴露于空气的时间。

现场更换变压器绕组的做法最好是分成两步：白天抢修绕组，晚上对油箱抽真空。这样安排使水分没有滞留时间。完成全部维修任务后，应立即对油箱填充氮气或干燥空气，防止潮气进入。

此外，对于现场需要替换的其他绝缘部件来说，均应处于干燥状态。引线必须妥善放置，不能使其受到挤压或其他损伤。在完成全部抢修工作后，最好进行现场局部放电试验，这是保证重新投入运行变压器可靠性的有效措施。

8.8 电线电缆的保养维护及注意事项

电缆不应在过负荷的状态下运行，电缆的铅包不应出现膨胀、龟裂现象；检查每根电缆两端接头是否松动，有无出现过热或烧坏现象。每个接头用扳手适当拧紧，有烧坏处及时彻底处理，消除隐患。

检查电缆在进出设备处的封堵情况。如有直径大于 1cm 的孔洞，用防火堵泥封堵，电缆对设备外壳压力、拉力过大时，在电缆的适当部位加支撑点；在电缆对设备外壳压力、拉力过大部位，电缆的支撑点应完好。

检查 10kV 电缆头有无爬电现象。表面清灰后用绝缘硅脂抹一层，增加绝缘。

检查所有电缆保护钢管口有无毛刺、硬物、垃圾。清除硬物、垃圾，如有毛刺锉光后，用电缆外套包裹并扎紧。

检查室外电缆井内情况。清除堆积物、垃圾，电缆外皮损坏处用自粘带包裹。强受力易损处增加绝缘衬垫保护。

检查室内电缆明沟（揭盖板时，当心压坏电缆）。支架尖角锉圆或包衬皮，如支架无接地或沟内散热不良应与业主协商解决，清除沟内杂物。

检查桥架内电缆敷设情况（含所有转角处）。转弯处电缆弯曲半径过小，要适当放大。

电缆压在尖角处或桥架接头螺钉处时，用较厚实绝缘皮衬好并固定，尖角要锉圆，转角处电缆外观损坏应包扎。

桥架内电缆向下敷设较多或较重时，电缆向上索引少许，中间再加支架捆扎，以减轻转角处的电缆所受的拉力、压力。

电缆尽量理顺并加大间隔，以利散热，如桥架内电缆过多，对散热不利，建议制订方案增加桥架层数；检查桥架穿墙处防火封堵是否严密没有脱落。

直埋电缆线路沿线的标桩应完好无缺；路径附近地面无挖掘；确保沿路径地面上无堆放重物、建材及临时设施，无腐蚀性物质排泄；确保室外露地面电缆保护设施完好。确保电缆沟或电缆井的盖板完好无缺；沟道中不应有积水或杂物；确保沟内支架应牢固、有无锈蚀、松动现象；铠装电缆外皮及铠装不应有严重锈蚀。

多根并列敷设的电缆，应检查电流分配和电缆外皮的温度，防止因接触不良而引起电缆烧坏连接点。确保电缆终端头接地良好，绝缘套管完好、清洁、无闪络放电痕迹；确保电缆相色明显。

金属电缆桥架及其支架和引入或引出的金属电缆导管必须接地（PE）或接零（PEN）可靠；桥架与桥架间应用接地线可靠连接。

桥架穿墙处防火封堵应严密无脱落；确保桥架与支架间螺栓、桥架连接板螺栓固定完好。

查勘桥架与易燃、易爆、热力管道的安全距离，如过近，采取处理措施。

桥架接地电阻测量应小于 4Ω，如不良应进行处理；桥架支架牢固度如多处不良应进行加固处理。

检查系统走线。如果有导线露出来，就查找破裂处，检查绝缘性，检查所有接线盒的接入和接出点，检查绝缘处有否破裂。如果需要就更换导线而不能依靠用黑胶布来起长期绝缘的作用。检查所有导线盒是否封上，看看有无水的破坏和腐蚀。如果电子元件安装在接线盒中，检查盒中通风状况，更换或清理空气过滤器。

检查开关的工作，确定开关的动作是否正确。查看接点附近有无腐蚀和炭化。用电压表检查保险，若电压为 0 则保险正常。

如果知道已经出了问题，通过测试和分析结果就可确定其位置的一些基本的测试，用电压表、电流表、比重计、钳子、螺丝刀（螺钉旋具）和可调扳手来完成。在检修时建议戴上手套、防护镜和胶鞋。在检测电路前要保证两个人都知道电源开关在何处，怎样操作。记住，安全第一，只要有太阳，阵列就会产生电力，而且两个以上的组件在最坏的天气状况下所产生的电能就能使人致死。应经常测量将要触摸的导线和接触器的电压，在知道导线电压、电流之前不要断开连接。

8.9 光伏电站管理

◀◀◀

① 光伏电站可根据电站容量、设备及每天供电时间等具体情况，设站长一人及技工若干人。

② 电站工作人员，必须按其职务和工作性质，熟悉并执行管理维护规程。

③ 电站操作人员应具备一定的电工知识，了解电站的各部分设备的性能，并经过运行操作技能的专门培训，经考核合格后，方可上岗操作。

④ 建立健全完善的值班制度和交接班制度，值班人员是值班期间电站安全运行的主要负责人，所发生的一切事故均由值班人员负责处理。

⑤ 未经有关部门批准，不得放人进入电站参观；要保障经批准的参观人员的人身安全。

⑥ 电站应根据充分发挥设备效能和满足用电需要的原则，制订发供电计划，同时制订必要的生产检查制度，以保证发供电计划的完成。

⑦ 电站应按规定时间送电、停电，不得随意借故缩短或增加送电时间，因故必须停或额外送电时，必须提前发出通知，严禁随意向外送电，以免造成事故。

⑧ 电站应采取措施，保证用户安全用电、合理用电，并就此向群众进行宣传教育。

习　题

问答题

1. 光伏电站的基本技术档案资料有哪些？

2. 太阳能光伏列阵管理维护内容有哪些？

[1] 秦桂红，严彪，唐人剑．多晶硅薄膜太阳能电池的研制及发展趋势．上海有色金属，2004，25（1）：38-42.

[2] 赵玉文．太阳电池新进展．物理，2004，33（2）：99-105.

[3] 潘玉良，施浒立．光伏发电系统最大输出功率探索．微电子与基础产品，2001，27（9）：50-53.

[4] 刘恩科等．光电池及其应用．北京：科学出版社，1989：73.

[5] Lodhi M A K. Energy Converse Mgmt，1997，38（18）：1881.

[6] Linder J，Allison J. The violet cell：an improved silicon solar cell. COMSAT Thehnical review，1973，3：1-22.

[7] Mandelkon J，Lomneck J H. A new electric field effect in silicon solar cell. Applied Physics，1973，44：4781-4787.

[8] Verlinden P J，Swanson R M，et al. High-efficiency，point-contact silicon solar cells for Fresnel lens concentrator modules //Proceedings of the 23rd IEEE Photovolatic Specialists Conference. Louisville，1993：58-64.

[9] Mason N B，Bruton T M，Balbuena M A. Laser grooved buried grid silicon solar cells—from pilot line to 50 MWp in 10 years //Conference Record of PV in Europe. Rome，Italy，2002：227-229.

[10] Blaker A W，Green M A. Oxidation condition dependence of surface passivation in high efficiency silicon solar cell. Applied Physics Letters，1985，47（8）：818-820.

[11] Blaker A W，Green M A. 20% efficiency silicon solar cells. Applied Physics Letters，1986，48（3）：215-217.

[12] Blaker A W，Wang A，Milne A M，et al. 22.8% efficient silicon solar cells. Applied Physics Letters，1989，55（13）：1363-1365.

[13] Blaker A W，Zhao J，Green M A. 24% efficient silicon solar cell. Applied Physics Letters，1990，57（6）：603-604.

[14] Green M A. Silicon Solars：Advanced Principles and Practice Bridge Printery. Sydney：1995.

[15] Schmidt W，Woesten B，Kalejs J P. Manufacturing technology for ribbon silicon（EFG）wafers and solar cells. Prog Photovoltaics 10，2002：129-140.

[16] Seidensticker R G. Dendritic web silicon for solar cell application. J Cryst Growth，1977，39：17-22.

[17] Martin A. Green Crystalline and thin-film silicon solar cells：state of the art and future potential. Solar energy，2003，74：181-192.

[18] Siemer K，Klaer J，Luck I，et al. Efficient CuInS$_2$ solar cells from a rapid thermal process（RTP）. Solar Energy Materials and Solar Cells，2001，67（1-40）：159-166.

[19] Hedstrom J，Ohlsen H. ZnO/CdS/Cu（In，Ga）Se$_2$ thin-film solar cells with improved performance. Proceedings of the 23rd IEEE Photovoltaic Spcialists Conference，1993：364-371.

[20] Shafarman W N，Klenk R，McCandless B E. Device and material characterization of Cu（InGa）Se$_2$ solar cells with increasing band gap. Journal of Applied Physics，1996，79：7324-7328.

[21] Paulson P D，Haimbodi M W，Marsillac S，et al. CuIn$_{1-x}$ Al$_x$ Se$_2$ thin-films and solar cells. Journal of Applied Physics，2002，91：10153-10156.

[22] Engelmann M，McCandless B E，Birkmire R W. Formation and analysis of graded CuIn（Se$_{1-y}$S$_y$）$_2$ films. Thin Solid Films，2001，387（1-2）：14-17.

[23] Chopra K L，Paulson P D，Dutta V. Thin Film Solar Cells：An Overview Prog. Photovolt Res Appl，2004，12：69-92.

[24] De Vos A，Parrot J E，Baruch P，et al. Bandgap effects in thin-film heterojunction solar cells Proceedings of the 12th European Photovoltaic Solar Energy Conference. 1994：1315-1318.

[25] 段启亮. ZAO 导电膜的制备及特性研究. 郑州：郑州大学，2005.

[26] Lechner P，Schade H. Photovoltaic thin-film technology based on hydrogenated amorphous silicon. Prog Photovoltiacs，2002，10：85-98.

[27] Ayra R R，Carlson D E. Amorphous silicon PV module manufacturing at BP Solar. Prog Photovoltaics，2002，10：67-68.

[28] Makoto Konagai. Thin film solar cells program in Japan, Technical Digest of the International PVSEC-14. Bangkok，Thailand，2004：657-660.

[29] 卢景霄. 硅太阳电池稳步走向薄膜化. 太阳能学报，2006，27（5）：444-450.

[30] Wenham S R，Willison M R，Narayanan S，et al. Efficiency improvement in screen printed polycrystalline silicon solar cells by plasma treatment //Conf. Record，18th IEEE Photovoltaic Specialists Conf. Las Vegas，1985：1008-1013.

[31] 靳瑞敏. 太阳能电池原理与应用. 北京：北京大学出版社，2011.

[32] 王长贵，王斯成. 太阳能光伏发电实用技术：北京：化学工业出版社. 2005.

[33] 京特·莱纳，汉斯·卡尔. 太阳能的光伏利用. 余世杰，等译. 合肥：合肥工业大学出版社. 1991.

[34] 罗运俊，何梓年，王长贵. 太阳能利用技术. 北京：化学工业出版社，2005.

[35] 赵争鸣，刘建政，孙晓英，等. 太阳能光伏发电及其应用. 北京：科学出版社，2006.

[36] 中国可再生能源发展项目办公室. 中国光伏产业发展研究报告（2006-2007），北京，2008.

[37] 各发达国家政府对光伏产业的支持政策. 中国华电集团公司网站.

[38] 崔荣强. 并网型太阳能光伏发电系统. 北京：化学工业出版社，2007.

[39] 李安定. 太阳能光伏发电系统工程. 北京：北京工业大学，2001，12.

[40] 曹仁贤. 2015 光伏逆变器发展报告［Z］. 太阳能光伏网，2014，11：69-107.

[41] 王兆安，刘进军. 电力电子技术［M］. 北京：机械工业出版社，2009：97-118.

[42] 陈道炼. DC-AC 逆变技术及其应用［M］. 北京：机械工业出版社，2003：218-228.

[43] 张兴，曹仁贤. 太阳能光伏并网发电及其逆变控制［M］. 北京：机械工业出版社，2012：205-375.

[44] Kasa N，Iida T，Iwamoto H. Maximum power point tracking with capacitor identifier for photovoltaic power system［J］. Electric Power Applications，2000，147（6）：497-502.

［45］ 陈德双，陈增禄．光伏并网逆变器拓扑的研究［J］．西安工程大学学报，2012，（2）．

［46］ Roger A. Messenger，Jerry Ventre．光伏系统工程（原书第三版）［M］．王一波，廖华，伍春生，译．北京：机械工业出版社，2012：93-94．

［47］ 李本元．太阳能光伏发电单相并网逆变器研究［D］．中国知网，2010，6：36-41．

［48］ 梁斌．分布式光伏并网逆变系统控制策略研究［D］．中国知网，2013，12：37-41．

［49］ 林燕．太阳能并网发电技术概述．电器工业，2009，（12）．

［50］ 孙茵茵，鲍剑斌．太阳自动跟踪器的研究．机械设计与制造，2005，（7）．

［51］ 张翌翀，基于DSP的太阳跟踪控制系统研究．上海：上海交通大学，2008．

［52］ 王飞．单相光伏并网系统的分析与研究．合肥：合肥工业大学，2005．

［53］ 王兆安，刘进军．电力电子技术．第5版．北京：机械工业出版社，2009．

［54］ 王云亮．电力电子技术．北京：电子工业出版社，2013．

［55］ 张超．光伏并网发电系统MPPT及孤岛检测新技术的研究．杭州：浙江大学，2006．

［56］ 马洪莉．户用独立光伏发电系统控制电路的设计与研究．青岛大学硕士论文，2010．